园林植物栽培与养护管理

（园林工程技术专业适用）

住房城乡建设部土建类学科专业『十三五』规划教材

吴小青　主　编

黄金凤　主　审

中国建筑工业出版社

图书在版编目（CIP）数据

园林植物栽培与养护管理：园林工程技术专业适用／吴小青主编．
北京：中国建筑工业出版社，2019.7（2023.3重印）
住房城乡建设部土建类学科专业"十三五"规划教材
ISBN 978-7-112-23931-3

Ⅰ．①园…　Ⅱ．①吴…　Ⅲ．①园林植物－观赏园艺－高等学
校－教材　Ⅳ．① S688

中国版本图书馆CIP数据核字（2019）第131504号

　　本书按照园林绿化工程施工顺序分为五个项目，包括园林绿化施工图的识读与种植方案编制、园林树木栽植工程、草花地被植物种植工程、园林树木整形修剪、园林植物的日常养护管理，每个项目都设有项目背景，力求切合实际，各项目之间具有很强的衔接性，每个项目按照实际施工过程和所需技能划分为若干个任务，每个任务均由"学习情境""任务内容和要求""任务实施""任务评价""课后思考与练习""知识与技能链接"等环节组成。

　　本书充分体现项目化教学，切合园林绿化工程实际，突出园林植物栽培与养护职业岗位特色，适应岗位需求，具有较强的实用性、实践性、先进性及可操作性，体现了园林植物栽培与养护的新知识、新技能。本书适用于高职高专院校、应用型本科院校、二级职业技术院校、继续教育学院和民办高校的园林工程及园林相关专业师生，也可作为园林科技工作人员学习的参考用书。

　　为更好地支持本课程的教学，我们向使用本书的教师免费提供教学课件，有需要者请与出版社联系，邮箱：jckj@cabp.com.cn，电话：(010) 58337285，建工书院：http://edu.cabplink.com。

责任编辑：朱首明　周　觅
责任校对：张惠雯

住房城乡建设部土建类学科专业"十三五"规划教材
园林植物栽培与养护管理
（园林工程技术专业适用）

吴小青　主编
黄金凤　主审

＊

中国建筑工业出版社出版、发行（北京海淀三里河路9号）

各地新华书店、建筑书店经销
北京雅盈中佳图文设计公司制版
北京中科印刷有限公司印刷

＊

开本：787×1092毫米　1/16　印张：$8\frac{1}{2}$　字数：186千字
2019年11月第一版　2023年3月第二次印刷
定价：36.00元（赠教师课件）
ISBN 978-7-112-23931-3
（34209）

前　言

"园林植物栽培与养护管理"是园林工程技术及相关专业的核心课程,也是园林工作者的核心技能之一。本书不断探索适应高职技能应用能力培养方法,以园林工程绿化施工植物栽植工程为主线,参照园林绿化职业岗位所包括的项目和方法,以及职业岗位对园林绿化人员的知识能力和素质要求,形成教材知识框架,力求体现实际、实践、实用的原则。本书打破章节,以"项目—任务"的方式进行编写,按照园林绿化工程施工顺序,依次设置"园林绿化施工图的识读与种植方案编制""园林树木栽植工程""草花地被植物种植工程""园林树木整形修剪""园林植物的日常养护管理"5个项目。每个项目都设有项目背景,各项目之间具有很强的衔接性,每个项目按照实际施工过程和所需技能划分为若干个任务,每个任务均由"学习情境""任务内容和要求""任务实施""任务评价""课后思考与练习""知识与技能链接"等环节组成。其中,每个任务都对应有任务情境,力求贴近工程实际。任务实施环节,按任务实施步骤编写,任务实施侧重技能,对所涉及的知识和相关技能在"知识与技能链接"中进行讲解和补充;任务实施后设定的任务评价标准和课后思考与练习环节,方便学生对任务完成情况予以自我对照、验收和强化。知识与技能链接环节,是根据任务需要设置,主要用于学生对知识与技能的理解和拓展。本书最后,附有教材所举案例的整套施工图纸,便于学生对园林绿化工程施工要求有更好的认识。

本书突破传统教材体系,以工程施工过程为主线,注重实际应用与动手能力的培养。内容编写上阐述的原理简洁、易懂,介绍的栽培养护方法简单、易做,示范性强,全书采用大量的图片和视频资源,使学习者直观、形象地了解内容,易于掌握并在实际工作中参考。

本书充分体现项目化教学,切合园林绿化工程实际,突出园林植物栽培与养护职业岗位特色,适应岗位需求,具有较强的实用性、实践性、先进性及可操作性,体现了园林植物栽培与养护的新知识、新技能。本书适用于高职高专院校、应用型本科院校、成人高校及二级职业技术院校、继续教育学院和民办高校的园林工程及园林相关专业师生,也可作为园林科技工作人员学习的参考用书。

本书的"项目一"、"项目二""项目三"由江苏建筑职业技术学院的吴小青老师编写。"项目四"由江苏建筑职业技术学院的丁岚老师和吴小青老师共同编写。"项目五"由邢洪涛老师和孟春芳老师编写。统稿工作由吴小青老师完成。本书依托江苏建筑职业技术学院园林工程技术品牌专业建设项目(项目序号PPZY2016A03)编写,属江苏建筑职业技术学院2018年度立体化教材(18284B)。

由于编者水平有限,书中疏漏和错误在所难免,敬请批评指正。

编者

2019年5月

目 录

项目一 园林绿化施工图的识读
与种植方案编制

项目背景：花园小区 18 号庭院业主委托本单位完成其样板房的绿化工程施工，该庭院为正方形，占地约 500m²，绿化施工图纸见图 1-1，项目经理和几位技术员已去现场勘查，并详细记录周边环境及庭院管线情况。

任务一　园林绿化施工图的识读

学习情境：项目经理布置任务，要求研读绿化施工图纸，了解植物配置形式、设计意图、工程量，结合现场条件分析施工难点、重点和有疑问的地方，为施工技术交底做准备。

一、任务内容和要求

研读花园小区18号庭院种植设计施工图(图1-1)，掌握施工区域植物种类、数量、规格及种植形式和施工要求，统计苗木数量；分析绿化施工难点和重点；对于图纸不清楚或有疑问的地方进行梳理总结，能针对性编写种植说明书。

二、任务实施

1.园林绿化施工图的识读

施工图的识读要把握图纸的结构类型，熟悉图纸的基本组成、构成要素，明确图纸的指导价值。要读懂：①图例，能说出图中各个符号的含义；②指北针，了解方位；③比例尺；④施工区域与周边环境，包括分割区标志与建筑物、

图1-1　花园小区18号庭院种植设计总平面图

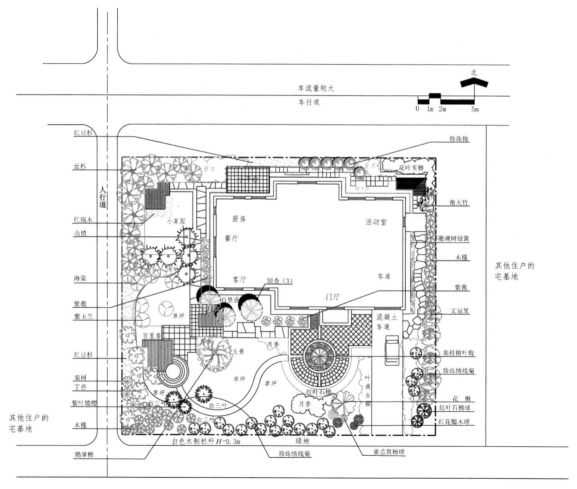

道路等关系；⑤主要绿化带组成，分析其建筑、道路、水体等与绿化的关系；⑥地形，地形地势起伏状况；⑦园林植物配置方式，包括孤植、丛植、群植、林植、列植等，分析种植点位置关系，分析规则式、不规则式等类型；⑧确定植物规格。

图1-1为花园小区18号庭院种植设计总平面图，上北下南，本区域北侧是车流量较大的车行道，南侧是入户车行道，西侧有不宽的人行道，人行道再往西是其他住户宅基地，东侧紧邻其他住户。建筑位于整个区域东北角，庭院主要集中在建筑南面和西面，阳光较充裕，适合植物生长。该庭院大门位于整个庭院南侧，大门径直进入车库，两侧种植细叶美女樱进行装饰点缀，入口西侧种植花楸作为入口景观标识。车道西侧门厅前有较大面积的铺砖和半圆入口平台，中心种植鸾枝榆叶梅形成视觉焦点和空间标识，周边种植红叶石楠围合空间。南面庭院以空旷草坪作为主要活动区，穿插曲折小路，绿化以鹅掌楸作为主景，窗前种植银杏、紫薇、百里香，铺装边角由月季进行修饰，南侧栏杆种植珍珠绣线菊稍作修饰遮挡，同时形成南侧开阔视野和顺畅的风道。基地西南角设置烧烤和休闲区域，靠人行道栽植枝叶茂盛的栾树、红豆杉、木槿等进行空间隔离，形成优美的景观，同时起到视觉屏障的作用；丁香、紫叶矮樱等进行点缀，百里香、月季等装饰，并运用白三叶做地被与草坪进行界限区分，形成丰富景观。建筑西侧栽植几株山楂，白花红果与西侧窗户形成对景；基地西北侧设置小菜园，利用云杉构成防风屏障，并配置麦李、山楂、海棠、红瑞木等观花或者观枝植物，与基地西侧形成联系。基地北面寒冷、光照不足，多以耐冷、耐阴植物为主，选择玉簪、萱草、楼斗菜，以及红豆杉、珍珠梅等植物；基地东南侧栽植文冠果形成空间界定，通过珍珠绣线菊和红叶石楠球形成空间过渡；基地的东侧栽植木槿，兼顾观赏和屏障功能。

本项目中植物运用常绿乔木有云杉、红豆杉、栾树；阔叶乔木有银杏、国槐、花楸、文冠果、山楂、紫叶矮樱、紫薇；灌木有珍珠梅、海棠、忍冬、红叶石楠球、珍珠绣线菊、木槿、南天竹、珍珠梅、红瑞木；花卉有花叶玉簪、萱草、楼斗菜、月季；地被包括白三叶、百里香和金山绣线菊。植物配置方式有作为主景的孤植国槐和入口平台作为视觉中心的鸾枝榆叶梅，以及入口标志的花楸，要选择体型高大、枝叶茂盛、树冠开展、姿态优美、造型美观的树体。道路两侧美女樱和东侧列植的木槿、北侧紫杉和珍珠梅、西侧的紫杉都应整齐美观，并且选择植株规格大小一致的苗木。其他，自然式配置中应模仿自然、强调变化、高低错落、疏密有致，搭配出活泼、愉快、优雅的自然情调。

2．完成苗木统计表

根据图纸清点苗木数量完成苗木统计表，见表1-1。

3．分析绿化施工难点和重点

根据图纸结合实际，考虑该工程难点和重点。例如，本项目是完成建筑和硬质景观后进行绿化，要对土壤进行处理，清除石块、水泥等影响植物生长的建筑垃圾，对不适合种植的土壤进行改良。另外，原始地形为北高南低，需要土方平衡、营造地形，设计图纸虽然大部分为平地，但是考虑种植效果和排水也应做 $3°\sim5°$ 的坡度，地形坡度要自然流畅。种植方面，住宅南侧的银杏、

<table>
<tr><td align="center" colspan="6">苗木统计表</td><td align="right">表1—1</td></tr>
</table>

树种	规格（cm）			数量（棵）	单价（元）
	胸径	高度	蓬径		

编制单位：　　　　　　　　　　　　　　　　　　　　时间：

主景树国槐、花楸规格较大，为保证景观效果应该保留部分枝干进行移栽，大树移植保证成活是重点，另外栽植时则需要大型机械。组团植物栽植时要充分理解设计意图，依据图纸基础，调整好植物方向，展现出植物群体美等。还有大树保活措施，抢工期措施，冬雨季、反季节施工技术措施等。

　　4.问题梳理

　　图纸中是否有未交代清楚的地方，图纸中是否有错误或设计不合理的地方，以及设计意图理解中的问题，施工中需要咨询的问题等。

三、任务评价

　　具体任务评价见表1-2。

<table>
<tr><td align="center" colspan="2">任务评价表</td><td align="right">表1-2</td></tr>
</table>

评价等级	评价内容及标准
优秀（90～100分）	不需要他人指导，完全看懂图纸，理解图纸内容，苗木的统计正确，对工程难点和重点分析准确，对图纸问题梳理周到全面，能结合工地现场情况
良好（80～89分）	不需要他人指导，看懂图纸，理解图纸内容，苗木的统计正确、对工程难点和重点分析准确，对图纸问题梳理能结合工地现场情况
中等（70～79分）	在他人指导下，看懂图纸，理解图纸内容，苗木的统计正确、对工程难点和重点分析准确，对图纸能提出个别问题
及格（60～69分）	在他人指导下，看懂图纸，理解图纸内容，苗木的统计正确、能分析出部分难点和重点，对图纸能提出问题，但是问题很少

四、课后思考与练习

　　(1) 园林植物配置图与种植施工图的区别有哪些？

　　(2) 园林植物种植施工图应包括哪些内容？

　　(3) 园林种植施工图的作用是什么，举例加以说明？

五、知识与技能链接

　　1.图纸会审

　　由建设单位组织设计、施工单位参加图纸会审。会审时先由设计单位进行图纸交底，然后各方提出问题。经协商统一后的意见形成图纸会审纪要，由住建部门正式行文，参加会议各方盖章，作为与设计图同时使用的技术文件，施工单位在图纸会审中应重点把握以下内容：

（1）图纸说明是否完整、完全、清楚，图中的尺寸、标高是否准确，图中植物表所列数量与图中所种植物符号数量是否一致，图纸之间是否有矛盾。

（2）施工技术有无困难，能否准保施工质量和安全，植物材料在数量、质量方面能否满足设计要求。

（3）地上与地下、建筑施工与种植施工之间是否有矛盾，各种管道、架空电线对植物是否有影响。

（4）图中不明确或有疑问处，设计单位是否解释清楚。

（5）施工、设计中的合理建议是否被采纳。

2．植物配置时植物的选择与环境和植物生长发育的关系

环境，是指植物生存地点周围空间的一切因素的总和。在做植物配置时要根据具体环境选择植物，例如建筑北面较阴，常年晒不上太阳，就要选择耐阴的植物，南面阳光充足就应该选择强阳性树种来进行绿化才能事半功倍，否则很难达到理想绿化效果。从环境出发分析影响植物生长的因素称为环境因子，而在环境因子中对景园植物起作用的因子称为生态因子，其中包括气候因子（光、温度、水分、空气、雷电、风、雨、霜、雪等）、土壤因子（成土母质、土壤结构、土壤理化性质等）、生物因子（动物、植物、微生物等）、地形因子（地形类型、坡度、坡向和海拔等）。这些因子综合构成了生态环境，其中光照、温度、空气、水分、土壤等是植物生存不可缺少的必要条件，它们直接影响着植物的生长发育。当然，这些生态因子并不是孤立地对植物起作用，而是综合地影响着植物的生长发育。

根据植物与光照强度的关系，可以把植物分为阳性植物、阴性植物和耐阴植物三大生态类型。阳性植物和阴性植物在植株生长状态、茎叶等形态结构及生理特征上都有明显的区别。在园林景观建设中了解树木的耐阴性是很重要的，如阳性树种的寿命一般比耐阴树种的短，但阳性树种的生长速度较快，所以在进行树木配植时必须搭配得当。又如树木在幼苗阶段的耐阴性高于成年阶段，即耐阴性常随年龄的增长而降低，在同样的庇荫条件下，幼苗可以生存，但成年树即感到光照不足。了解这一点，则可以进行科学管理，适时地提高光照强度。此外，对于同一树种而言，生长在其分布区南界的植株就比生长在其分布区中心的植株耐阴；而生长在分布区北界的植株则较喜光。耐阴的树种在园林绿化中有重要的意义，它可以形成园林绿化的空间结构，可以在建筑物的阴面栽植，形成良性的生态环境和理想的景观。

温度对生长的影响是综合的，它既可以通过影响光合、呼吸、蒸腾等代谢过程，也可以通过影响有机物的合成和运输等代谢过程来影响植物的生长，还可以直接影响土温、气温，通过影响水肥的吸收和输导来影响植物的生长。由于参与代谢活动的酶的活性在不同温度下有不同的表现，所以温度对植物生长的影响也具有最低、最适、最高温度三基点。植物只能在最低温度与最高温度范围内生长。生长的最适温度，就是指生长最快的温度，但这并不是植物生长最健壮的温度。因为在最适温度下，植物体内的有机物消耗过多，植株反倒

长得细长柔弱。因此在生产实践上培育健壮植株，常常要求低于最适温度的温度，这个温度称协调的最适温度。

水是植物主要的组成成分，植物体的含水量一般为 60% ~ 80%，有的甚至可达 90% 以上，没有水就没有生命。根据环境中水的多少和植物对水分的依赖程度，可将植物分为以下几种生态类型：旱生植物、湿生植物、中生植物、水生植物。

植物生长在土壤中，土壤起支撑植物和供给水分、矿质营养、空气的作用。在实际工作中要注意土壤的结构、厚度与理化性质不同，影响到土壤中的水、肥、气、热的状况，进而影响到植物的生长。每种植物都要求在一定的土壤酸碱度下生长，应当针对植物的要求，合理栽植。根据植物对土壤酸碱度要求的不同，将其分为酸性植物、中性植物、碱性植物。

另外，地势、风、大气污染、生物因子等其他因子都影响着园林植物的选择，在工作中要适地适树，根据具体情况和环境选择合适的树种。

任务二　依据绿化施工图编制苗木种植计划

学习情境：经协商双方已签订施工合同，该项目工期为 60 天，工程完工后保活 2 年，项目经理要求在开工前先完成本工程项目的苗木种植计划。

一、任务内容和要求

根据合同工期和工程量，合理安排施工的工期，并编制苗木种植计划。

二、任务实施

1. 工程任务分解

根据实际情况，对工程任务进行分解，本工程可以分解为：施工前准备工作、地形整理、乔木栽植、灌木栽植、地被栽植、花卉栽植、草坪铺设、园区清理、竣工验收。

2. 编制绿化种植工程施工进度计划

根据实际情况，确定每个分项工程的开工和结束时间，并在下表中用横线画出每个分项工程开始到结束的持续时间，各分项工程之间时间可以重叠，完成 18 号庭院的绿化种植工程施工进度计划横道图（表 1-3）。

花园小区18号庭院绿化种植施工进度表　　　　表1-3

					编制日期
施工前准备工作					
地形整理					
乔木栽植					
灌木栽植					

							编制日期
地被栽植							
花卉栽植							
草坪铺设							
园区清理							
竣工验收							

　　第1天　　第10天　　第20天　　第30天　　第40天　　第50天　　第60天

3. 编制苗木种植计划

根据施工进度计划完成苗木种植计划表（表1—4）。

苗木种植计划表　　　　　表1—4

_____苗木种植计划表

工程名称：　　　　　　　　　　　　　　　　编号：

编号	苗木名称	数量	规格			使用部位	进场时间	备注
			胸径	株高	冠幅			

三、任务评价

具体任务评价见表1—5。　　　　　　　　　　　　　　　　表1—5

评价等级	评价内容及标准
优秀（90～100分）	不需要他人指导，完成任务分解，任务分解合理、正确，能独立完成施工进度计划横道图和苗木种植计划表；安排施工顺序合理可行，没有缺漏
良好（80～89分）	不需要他人指导，完成任务分解，任务分解合理，能独立完成施工进度计划横道图和苗木种植计划表，并且安排合理可行，没有缺漏
中等（70～79分）	在他人指导下，完成任务分解，在他人帮助下完成施工进度计划横道图和苗木种植计划表，并且安排合理可行
及格（60～69分）	在他人指导下，完成任务分解，在他人帮助下完成施工进度计划横道图和苗木种植计划表

四、课后思考与练习

（1）什么是横道图，横道图包括哪些内容？

（2）常见园林植物种植施工图应包括哪些工作任务和内容？

（3）种植施工图中的苗木规格信息如何解读和读取，常见的表示符号是什么？请举例说明。

五、知识与技能链接

施工进度计划是以拟建工程为对象，规定各项工程内容的施工顺序和开工、竣工时间的施工计划，是施工组织设计的中心内容，它要保证园林绿化工程按合同规定的期限交付使用，施工中的其他工作必须围绕施工进度计划的要求安排施工。按编制对象的不同可分为：施工总进度计划、单位工程进度计划、分阶段（或专项工程）工程进度计划、分部分项工程进度计划四种。施工进度计划的表达方式有网络图、横道图。横道图以图形或表格的形式显示活动，因简单、直观、醒目、易于理解、绘图简单，在园林工程中被广泛应用。横道图时间应包括实际日历天和持续时间，并且不要将周末和节假日算在进度之内。

例如图1-2为某办公建筑前入口广场绿化的施工进度计划横道图，该工程历时53天，分为前期准备、测量放线、清理现场及地形整理、铺装施工、苗木栽植、地被植物栽植、给水排水管线敷设、水压试验和管线自检、雕像迁移和清洗、施工期养护、场地清理及竣工验收等11个子项目，各项目开工到结束所持续时间都很清楚，方便我们提前安排各项必要的人工、机械、材料等，保证项目按预先安排计划有序进行。

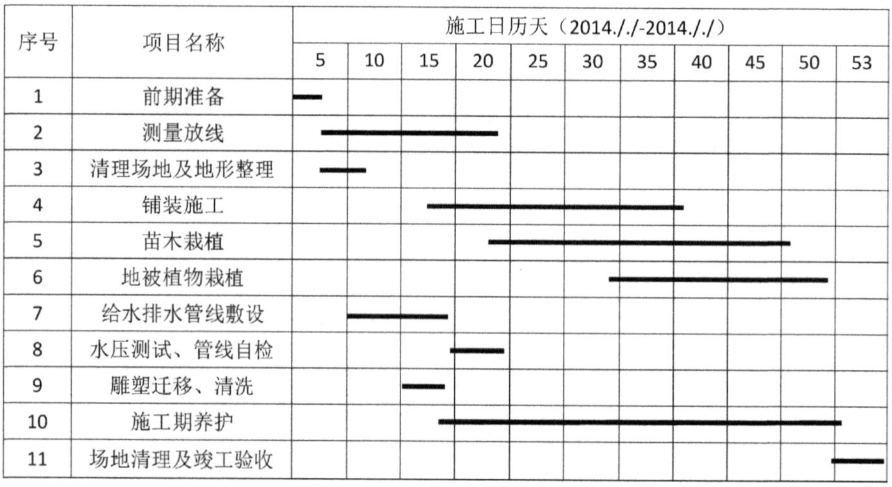

序号	项目名称	施工日历天（2014./.-2014./.）									
		5	10	15	20	25	30	35	40	45	50	53
1	前期准备										
2	测量放线										
3	清理场地及地形整理										
4	铺装施工										
5	苗木栽植										
6	地被植物栽植										
7	给水排水管线敷设										
8	水压测试、管线自检										
9	雕塑迁移、清洗										
10	施工期养护										
11	场地清理及竣工验收										

图1-2 某办公室建筑前入口广场绿化施工进度计划横道图

任务三 园林绿化种植工程施工方案编制

学习情境：根据苗木种植计划，项目经理组织技术人员开始编写本项目的施工方案，为正式开始施工做好准备。

一、任务内容和要求

根据合同工期和苗木种植计划，编写花园小区18号庭院绿化工程施工方案。施工方案要详细介绍该工程的施工方法、人员配备、机械配置、材料数量、施工进度计划，以及质量、安全、文明施工、环保等，要针对单位工程、分部分项工程来进行编制。

二、任务实施

1.园林种植施工任务解读

根据种植施工设计图，判读种植设计点及其环境，要求明确种植范围内对应的树木种类、规格，树木配置点及其数量、空间关系。根据识别结果编制出一份详细的工作计划表，包括用苗情况、苗木质量指标、苗木数量和名称、种植空间的配置关系。要求种植施工体现工作量安排，明确种植特点及其注意事项，并且能根据特殊施工环境提出种植设计变更计划。

2.种植施工组织所必须具备的条件分析

种植施工组织必须具有物质条件储备，包括施工机械、运输设备、工具、物料等，要求能根据施工区域的环境状况，提供必要的监测设备，以及种植材料的准备，涉及苗木数量、质量状况、苗木检疫状况。要求针对种植任务，提出人力资源使用计划，及早落实相关技术人员、施工管理人员和操作工人。同时，需要根据种植施工任务，编写经费使用计划，包括单项工程、分部工程等的经费使用计划，落实经费来源。

3.种植施工方案编制的基本要素

种植施工方案编制要素主要包含工程范围、工程量、材料、进度控制、经费计划、质量控制、安全制度、文明施工、人力资源使用计划9个基本要素。重点表现种植施工标段、工程量清单、工程开始时间、竣工验收时间、材料使用计划，以及施工的进度安排，种植工程的质量跟踪、检查和监控指标落实。

4.种植施工方案编制的成果表现

施工组织设计又称为"施工方案"或"组织施工计划"。根据绿化工程的规模和施工项目的复杂程序制定的施工方案，在计划的内容上尽量全面而细致，在施工的措施上要有针对性和预见性，施工作业内容紧扣实际，文字表述要简明扼要，突出关键。涉及工程概况、现场平面图，施工组织结构与网络、施工进度、劳动力计划、材料和工具供应计划、机械运输计划、施工成本预算、技术和质量管理措施、安全生产制度等。确定施工程序并安排具体的进度计划，一般程序是：整理地形，安装给水、排水管线，修建园林建筑，铺设道路、广场，种植树木，铺栽草坪和布置花坛。应在铺设道路、广场以前将大树栽好，以免损伤路面。根据工程任务量和劳动定额，计算出每道工序所需用的劳动力和总劳动力。根据劳动力计划，确定劳动力的来源和使用时间，以及具体的劳动组织形式。根据工程进度需要，提出苗木、工具、材料的供应计划，包括用量、规格、型号、使用进度等。根据工程需要提出所需用的机械、车辆计划，要说明所需机械、车辆的型号，日用台数、班数及具体日期。按照工程任务的具体要求和现场情况，制定具体的技术措施和质量监控、安全技术措施保障要求等。

对于比较复杂的工程，必要时还应在编制施工组织设计的同时，附绘施工组织设计现场平面图，图上需标明测量基点、临时工棚、苗木假植点、水源及交通路线等。以设计预算为主要依据，根据实际工程情况、质量要求和当时市场价格，编制合理的施工预算，作为工程投资的依据。开工前进行技术交底，应对参加施工的全体劳动人员所具备的技术操作能力进行分析，确定传授施工技术和操作规程的方法，认真搞好技术培训。

三、任务评价

具体任务评价见表1—6。

任务评价表　　　　　　　　　　　　　　　　　　　　　表1—6

评价等级	评价内容及标准
优秀（90~100分）	不需要他人指导，完成任务分解，任务分解合理，正确，能独立完成施工方案编制，并且安排施工顺序、合理可行，没有缺漏
良好（80~89分）	不需要他人指导，完成任务分解，任务分解合理，能独立完成施工方案编制，并且安排合理可行，没有缺漏
中等（70~79分）	在他人指导下，完成任务分解，在他人帮助下完成施工方案编制，并且安排合理可行
及格（60~69分）	在他人指导下，完成任务分解，在他人帮助下完成施工方案编制

四、课后思考与练习

（1）园林绿化工程施工方案主要内容包括哪些？

（2）园林绿化工程施工中难点和关键技术有哪些，哪些需要编制专项技术方案？

五、知识与技能链接

园林工程种植施工方案编制的知识和原理

根据绿化工程的规模和施工项目的构成特点、复杂程度制定施工方案，在计划的内容上尽量考虑全面细致，在施工措施上要有针对性和预见性，要求简明扼要，抓住关键。主要内容包括：

（1）工程概况，包括工程名称、施工地点、工程类型、工期情况；设计意图、工程意义、原则要求及指导思想；工程特点及有利条件和不利条件分析；工程内容、范围、工程项目、任务量、投资预算等。

（2）施工组织机构包括：参加施工的单位、部门及负责人；需要设立的职能部门及其职责范围和负责人；明确施工队伍，确定任务范围，任命组织领导人员，明确施工制度和相关要求；根据工作量确定劳动力人数及其来源等。

（3）施工进度分为总进度、单项施工工程的进度，确定其起始终止日期。

（4）材料、车辆和工具供应计划，根据工程进度需要，提出苗木、车辆、种植设施、设备的数量、规格、型号、功率，日用台班数及具体使用日期，以及维修措施和人员落实。

（5）劳动力计划是根据工程任务量及劳动定额，计算出每道工序所需要的劳动力和总劳动力，并确定劳动力的来源、使用时间及具体的劳动组织形式。

（6）施工预算以设计预算为主要依据，根据实际工程情况、质量要求和施工运行当时的市场价格，编制合理的施工预算。

（7）技术和质量管理措施，制定绿化种植作业指导书，一般都包括：总则、术语、施工前准备、苗木质量要求、种植步骤方法和质量标准、修剪、保护、应急事件处理等。制定苗木种植的要求、树木质量标准、绿化种植施工工艺、绿化种植措施、草坪铺设措施、草花栽植措施等。除制定相关技术规程，操作细则，施工中针对具体工程的特殊要求及规定，确定质量标准及种植施工苗木的成活率，进行技术交底，提出技术培训的方法，制定种植质量检查和验收办法。

（8）绘制施工现场平面图，在判读种植设计施工图的基础上，为了了解施工现场的全貌，便于对施工的指挥，使得施工过程管理有序，在编制施工方案时，应绘制施工现场平面图，标明施工交通路线、放线基点、材料、树木和花草存放位置、苗木假植地点，水源、电力保护、配电设施、临时工棚和厕所的位置。

（9）安全生产制度

建立、健全保障安全生产的组织，明确责任制和落实责任人，制定安全操作规程，制定安全生产的检查和管理办法。

2

项目二　园林树木栽植工程

　　项目背景：花园小区 18 号庭院绿化工程施工合同已经签订，施工组织设计经过审批，各项施工准备工作已经准备就绪，工程正式开始施工。

任务一 大树移植工程

学习情境：花园小区 18 号庭院绿化中的花楸、国槐和银杏，因树体较大需要重型机械，经项目组商定，先进行大树移植工程。

一、任务内容和要求

选定苗木，完成大树移植前期准备，确定大树的移植技术方案，对大树进行正确移植，保证树木的成活。

二、任务实施

1. 大树移植前准备与处理

严格按照苗木采购计划表要求到苗源地逐一进行"号苗"，做标记，避免挖错，大树挖掘前应在阳面做好标记（图 2-1），以便栽植时调整栽植方向。做好选苗资料记录，确定起苗和到苗时间。制定苗木调运实施方案，包括苗木的起吊、装车、运输、卸苗等工序，事先做好充分的准备，制定周密的组织实施方案，以保证苗木起掘、运输安全和按时顺利进场。

大树移植是一个复杂繁重的系统工程，任何移栽都会损伤植物根系，为了提高施工质量，保证大树移栽成活，在移栽前应保证所带土球内有足够的吸收根，使栽植后很快达到水分平衡而成活，人们常采用提前断根达到移栽时缩坨目的和截杆缩枝等技术措施。断根缩坨（视频 2.1-1 断根缩坨）技术就是在移植前 1～2 年的春季或秋季，以树干为中心，以树干高在 1.3m 处的粗度为胸径，以胸径 3～4 倍为半径画圆或方形，分期切断待移植树木的根系，促发须根，便于起掘和栽植，利于成活（图 2-2）。以圆形为例，在相对的两个 1/4 圆弧范围内，向外挖 30～40cm 的沟，进行断根；深度视树种根系特点决定，一般为 60～80cm，切根挖掘时若遇到粗根可锯断，不可劈裂；切口与围沟内壁平齐，如果遇到直径 5cm 以上大根，为防止大树倒伏一般不予切断，而是进行环状剥皮处理。具体操作是，在土球壁外侧进行环割，深达木质部而不伤及木质部，剥去宽度约 10cm 的树根皮，并在切口涂生长素进行处理，其后用伴着肥料的泥土填入并夯实，定期浇水以促发新根。为防风吹到树木，可以对其设立三支式支架。翌年春季或秋季，再分批挖掘其余的沟段，仍按上述方法进行操作。正常情况下，如果气温较高，在最后一次断根数月后，即可进行移植。移植时要注意所起土坨的大小要比"断根土坨"向外放宽 10～20cm。

视频 2.1-1　断根缩坨

挖掘前提前灌水或排水，调整好土壤的干湿情况。挖掘较大规格苗木时，应先设置好支撑再起挖，防止起掘过程中苗木倾斜和倒伏。对分枝较低的常绿针叶树和带刺灌木及灌丛较大的乔灌木应用草绳或麻绳适度捆拢，以便起苗和运输。

2. 苗木起掘

1）标示起掘边线

大树苗木的起掘通常结合土球包装一起进行，土球包扎方法包括软材（草

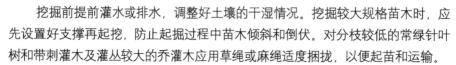

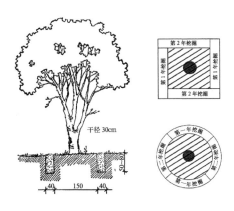

干径30cm

图2-1 树木做标记（左）

图2-2 大树断根缩坨法（右）

绳）包扎方法（图2-3）和硬性木箱包装方法（图2-4）。草绳包装方法中，起苗前应以大树为中心，按大于规定根幅和土球标准要求3~5cm画圆，标出起掘边线；硬性木箱包装以树干为中心，在预定扩坨尺寸外5cm画出正方形槽线。

图2-3 土球草绳包扎（左）

图2-4 土球木箱包装（右）

2）去表土

用平锹铲除上层表土，深度以见到根系分布，不伤地表根系为度。

3）起苗

大树移植常见有带土球草绳包扎法和木箱包装法，裸根苗移植较少，具体方法见下章裸根苗起苗。

（1）带土球草绳包扎法起苗（视频2.1-2 土球软绳包装）

草绳包扎法适于移植胸径10~15cm，土球不超过1.3m及土壤结构密实度高或运输距离较近的苗木移植。方法是：按照土球规格的大小，在树木四周挖一圈，使土球呈圆筒形。用利铲将圆筒体修光后打腰箍，第一圈将草绳头压紧，腰箍打多少圈，视土球大小而定，到最后一圈，将绳尾压住，不使其分开。腰箍打好后，随即用铲向土球底部中心挖掘，使土球下部逐渐缩小。为防止倾倒，可事先用绳索或支柱将大苗暂时固定，然后进行包扎。草绳包扎三种主要方式：

视频2.1-2 土球软绳包装

①橘子式（图2-5），先将草绳一头系在树干上，成稍倾斜经土球底沿绕过对面，向上约于球面一半处经树干折回，顺同一方向按一定间隔（疏密视土质而定）缠绕至满球。然后再绕第二遍，与第一遍的每道于肩沿处的草绳整齐相压，至满球后系牢。再于内腰绳的稍下部捆十几道外腰，而后将内外腰绳呈锯齿状穿连绑紧。最后在计划将树推倒的方向上沿土球外沿挖一道弧形沟，并将树轻轻推倒，这样树干不会碰到穴沿而损伤。壤土和砂性土还需用蒲包垫于土球底部并用草绳与土球底沿纵向绳拴连系牢。

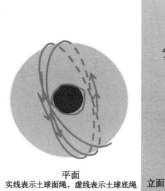

平面
实线表示土球面绳，虚线表示土球底绳
立面

(a)   (b)

图2-5 橘子式包扎法
示意图
(a) 包扎顺序图；
(b) 扎好后的土球

②井字（古钱）式（图2-6），先将草绳一端系于腰箍上，然后按图2-6 (a) 所示数字顺序，由1拉到2，绕过土球的下面拉至3，从上面拉至4绕过土球下拉至5，从上面拉至6，绕过土球下面拉至7，经8与1挨紧平行拉扎。按如此顺序包扎满6~7道井字形为止，扎成如图2-6 (b) 的状态。

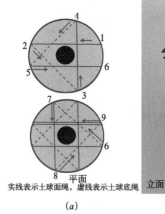

实线表示土球面绳，虚线表示土球底绳
平面
立面

(a)   (b)

图2-6 井字式包扎法
示意图
(a) 包扎顺序图；
(b) 扎好后的土球

③五角式（图2-7），先将草绳的一端系在腰箍上，然后按图2-7 (a) 所示的数字顺序包扎，先由1拉到2，绕过土球底，经3过土球面到4，绕过土球底经5拉过土球面到6，绕过土球底，由7过土球面到8，绕过土球底，由9过土球面到10绕过土球底回到1。按如此顺序紧挨平扎6~7道五角星形，扎成如图2-7 (b) 所示的状态。

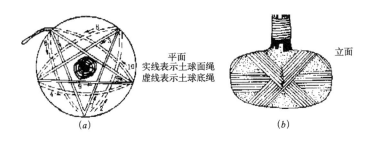

平面
实线表示土球面绳
虚线表示土球底绳

立面

(a)　　　　　　　　(b)

图2-7　五角式包扎法
示意图
(a) 包扎顺序图；
(b) 扎好的土球

井字式和五角式适用于黏性土和运距不远的落叶树及1t以下常绿树，否则宜用橘子式。

以上三种包扎方法都需要注意，包扎时绳要拉紧，并用木棒击打，使草绳紧贴土球或能使草绳嵌进土球一部分，才能牢固可靠。如果是黏土，可用草绳直接包扎，适用的最大土球直径可达1.3m左右。如果是砂性土壤，则应用蒲包等软材料包住土球，然后再用草绳包扎。

(2) 木箱包装法（视频2.1-3 箱板包装1、视频2.1-4 箱板包装2）

对必须带土球移栽的树木，土球规格过大时，很难保证吊装运输的安全并不散坨，一般适合苗木胸径15cm以上的常绿乔木或土壤结构密实度较低的苗木移植。

①按规定的土坨规格制作箱板（图2-8），并按上下顺序分别进行编号，以确保箱板组装的顺利进行。

②断根修坨，以树干为中心，按照比土台大10cm的尺寸，划正方形线印，铲除浮土，自槽线外垂直向下挖宽60～80cm、深为壁板高度的沟槽（图2-9）。修坨时需数次用箱板进行核对，保证土坨形状与箱板一致。土坨应修成上下宽度相差5～10cm的倒梯形（图2-10），土坨四面要规格一致，修整后土坨边长应略大于箱板，以保证箱板与土坨紧密依靠，但最多不得超过5cm。土坨立面中间部分应稍高于四边。遇到2cm以上粗根时，应将根周围的土削去，用手锯将大根锯断。

(3) 上箱板，土坨修好后，立即上箱板，以防止土坨散裂。上板时，应先将土坨四角用草片或麻袋片包好，再把箱板围在土坨四面，箱板中线以树干中心线为准，下面必须与土球底对齐，箱板上端应略低于土坨1～2cm。四面箱板用木棍顶牢，防止箱板松动（图2-11）。

视频2.1-3 箱板包装1

视频2.1-4 箱板包装2

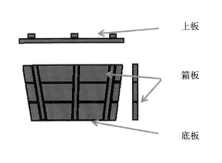

上板

箱板

底板

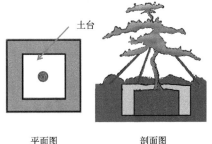

土台

平面图　　　剖面图

图2-8　木箱包装法箱板（左）
图2-9　木箱包装法挖土坨（右）

图 2-10 土球修整后
（左）
图 2-11 箱板支撑(右)

（4）箱板加固，箱板安装（图 2-12）好后，分别在箱板上下口的 15 ～ 20cm 处，各横向设置一道钢丝绳。紧线器应在箱板的中心位置上，钢丝绳与壁板板条间垫圆木棍，两道紧线器需从上向下同时转动将壁板收紧（图 2-13）。四角壁板间用铁腰子固定，上下两道铁皮各距箱板上、下口 5cm，每 20cm 左右设置一道。铁腰子用铁钉加固（图 2-14），严禁钉子钉在箱板缝隙上，钉子的上端稍向外倾斜，以增强拉力。每对铁腰子至少有 4 ～ 5 枚铁钉固定，铁腰子钉好后，松下紧线器，卸掉钢丝绳（图 2-15）。

（5）掏底，掏底前，必须用方木将箱板与坑壁支牢。方木的一头垫木板顶住坑边，另一头顶在箱板的中间带上，确保牢固后再行掏底。沿木箱四周下端继续向下挖 30 ～ 40cm 深，然后用小平头锹向内掏土（图 2-16）。掏底时，要两边同时进行。达到一定宽度时上底板。

（6）上底板，随掏底随上底板（图 2-17）。在底板两端预先钉好铁皮，先将一端空出的铁皮定在木箱侧面的壁板上，下面用木墩顶紧；另一侧用千斤顶

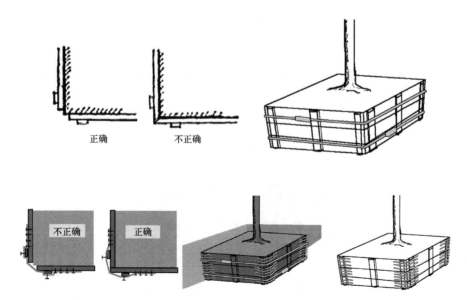

图 2-12 箱板的安装（左）
图 2-13 紧线器的安装方法（右）

图 2-14 订铁皮的方法（左）
图 2-15 固定好撤掉紧线器（右）

图 2-16　木箱下两边
　　　掏底（左）
图 2-17　从两边掏底
　　　（左侧一上好底板）
　　　（右）

顶起，使之与土台紧贴，将这一侧用铁钉将底板与壁板固定，然后撤下千斤顶，用木墩顶好。上好一块之后，继续向里掏底，间隔 10～15cm 再上第二块底板。底部中心应向外微凸出一点，以利上紧底板。掏底时如遇大树粗根时，应用手锯断根，断口必须在土坨内。掏底过程中，如发现土质松散，应用薄板垫实，有少量底土脱落的，需用蒲包、草片等填实后再上底板。

（7）上盖板，土坨上铺一层草片，在上面钉上盖板。树干基部用两块板条，与盖板板条呈垂直方向，将盖板固定（图 2-18，图 2-19）。

注意事项，掏底时，每次掏空宽度不宜超过单块底板宽度，以免底土散落。箱体四角下所垫木墩截面必须平整，垫放时木墩接触地面处，必须放置一块大于木墩截面 1～2 倍的厚土板，确保支垫稳固。施工人员操作时，必须注意安全，头部和身体不得伸进土坨下面，风力达到 4 级以上时，应立即停止操作。

3. 大树吊装与运输（视频 2.1-5 运输与栽植）

运输带土球的大苗，其质量常达数吨，要用机械起吊和载重汽车运输。吊运前先撤去支撑，捆拢树冠，并在树的上端系拉绳，以便在起吊后调整、控制树形姿态及朝向，防止晃动。起吊时应选用起吊、装运能力大于树重的机车和适合现场使用的起重机类型。吊装时，对大树吊点位置要进行保护，具体做法为在大树上用草绳缠绕 2 圈，外面再用多个竹片进行包裹，起吊时采用吊带进行捆绑吊装，防止损坏大树表皮。吊点位置选择在平衡点稍上位置，使得大树在完全起吊后能够竖直。吊点和吊具的各个节点固定牢固，一切准备就绪后，

视频 2.1-5　运输与
　　　栽植

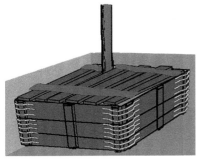

图 2-18　木箱安装上
　　　盖板（左）
图 2-19　木箱安装上
　　　盖板（右）

启动吊车缓缓上升，使树冠向上翘起，树体重心向下，再调整好树根的方向，而后慢慢起吊装车（图2-20）。

吊起的土球装车时（图2-21），土球向前（车辆行驶方向），树冠向后码放，缓缓下降，将土球慢慢放入车厢内，土球两旁垫木板或砖块，使土球稳定不滚动。树干与卡车接触部位用软材料垫起，防止擦伤树皮。树冠不能与地面接触，以免运输途中树冠受损伤。最后用绳索将树木与车身紧紧拴牢。运输时汽车要慢速行驶。树木运到目的地后，卸车时的拴绳方法与起吊时相同。按事先编好的位置将树木吊卸在预先挖好的栽植穴内。如不能立即栽植，即应将苗木立直、支稳，绝不可将苗木斜放或平倒在地。

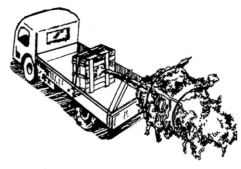

图2-20 箱装苗的起吊（左）

图2-21 箱装苗装车运输（右）

4. 大树栽植（见视频2.1-5）

（1）挖栽植坑：栽植坑的规格应根据树木的品种、土球的大小而定。一般栽植前一周应将树坑挖好，树坑的直径要比土球大30～40cm，深度要大于土球高度15cm左右。挖出的土壤最好分开放置，如能将土壤摊开进行晾晒更好。

（2）土壤处理：栽植前先将3份原土，1份细砂，1份腐殖土拌在一起，作为栽植回填土使用。另外在树坑底部撒上适量复合肥，翻起来与土壤拌匀作为底肥。这样做土壤容易与树根贴实，不留空洞；而且通气性好，可促进根系的萌发。

（3）卸车栽植：大树运到现场后，应将吊车停在适当位置上，用吊带进行捆绑吊装，卸车时同吊装时一样也要保护树干（图2-22），缓缓起吊保护土球。当吊车缓缓启动时，整个树木应该是树冠向上，根部下垂，缓缓移动吊车，使树木根部对准树坑，仔细审视树形和环境，移动和调整树冠方位（图2-23），将最美的一侧面向最佳观赏点，要尽量符合原来的朝向，并保证定植深度适宜，当发生偏差时应及时进行人工调整，而后再慢慢向下放入坑的中央，撤除缠扎树冠的绳子，配合吊车，将树冠立起扶正。

（4）填土踏实：撤除土球外包扎的绳包或箱板，分层填土，要边填边踏实，让土壤贴紧树根，不留空隙，填到高于原来地面5cm左右为止。填满土后一般要围好土堰准备浇水。

图2-22 卸车时树干吊带位置进行保护（左）
图2-23 通过拉绳调整树冠方位（右）

5. 大树栽植后养护

大树移栽后的精心养护，是确保移栽成活和树木健壮生长的重要环节之一，绝不可忽视。可通过采用支撑、浇水、摘叶、疏枝、枝杆保湿、挂营养吊瓶等一系列的措施提高栽后大树的成活率，以达到景观效果。

三、任务评价

具体任务评价见表2-1。

任务评价表　　　　　　　　　　　　　　　　　　　表2-1

评价等级	评价内容及标准
优秀（90～100分）	不需要他人指导，能根据具体情况制定详细大树移植方案，苗木移栽方式选择适当，机械选择正确，过程完整，操作规范，考虑全面细致
良好（80～89分）	不需要他人指导，能根据具体情况制定详细大树移植方案，苗木移栽方式选择适当，机械选择正确，过程完整，操作规范
中等（70～79分）	在他人指导下，能根据具体情况制定大树移植方案，苗木移栽方式选择适当，机械选择正确，过程完整，操作规范
及格（60～69分）	在他人指导下，能根据具体情况制定大树移植方案，苗木移栽方式选择适当，机械选择正确，过程基本完整

四、课后思考与练习

（1）断根缩坨计划是怎样的计划？
（2）简述大树移植的一般过程及注意要点。
（3）大树移植时可选择的土球包装方法有哪些？

五、知识与技能链接

1. 大树移植特点

大树移植就是对胸径在15cm以上的落叶乔木和胸径在10cm以上的常绿乔灌木进行重新栽植的一项工作。大树移植能够实现当下栽树当下成活，起到立竿见影的绿化效果，常运用于许多重点建设工程中。大树移植具有如下特点：

（1）大树年龄大，细胞再生能力较弱，挖掘和栽植过程中损伤的根系恢复慢，萌发新根能力差。

（2）树木根系扩展范围大。由于大树离心生长的原因，根系一般超过树冠水平投影范围，同时根系入土层很深，其中有效的吸收根主要分布在树冠垂直投影附近，造成挖掘大树时土球所带吸收根很少，而且根系木栓化严重，根系吸收功能明显下降。

（3）大树栽植后难以尽快建立地上地下水分平衡。大树形体高大，枝叶蒸腾面积大，为使其尽早发挥绿化效果和保持其原有优美姿态，一般不进行过重剪截，造成地上水分消耗量大。

（4）大树移栽时易受到损伤。树木大、土球重、起挖、搬运、栽植过程中易造成树皮的损伤、土球的破裂、树枝折断等，从而危及大树成活。

2．园林植物栽植原理

园林树木的"栽植"，绝不可以被简单地理解为狭义的"种植"，而是一个系统的、动态的操作过程。在园林绿化工程中，树木栽植更多地表现为"移植"。一般情况下，它包括起挖、装运和定植三个环节。将要移植的树木，从生长地连根（裸根或带土团）掘起的操作，叫起挖（俗称起树）；将起出的树木，运到栽植地点的过程，叫装运；按规范要求将树体栽入目的地树穴内的操作，叫定植。如果树木起运到目的地后，因诸多原因不能及时定植，需作"假植"，即将树木根系用湿润土壤进行临时性的埋植。

木本园林植物大苗栽植比较普遍，不论是裸根苗，还是带土球苗，栽植过程中苗木的根系（特别是吸收根）受到严重破坏，根幅和根量缩小，主动吸收水分的能力大大降低。另外，栽植后需要经过一定时间，受伤的根系才能发出较多的新根，恢复和提高吸收功能。因此，为保证栽植成活，必须抓住三个关键来保持和恢复树体的水分平衡：第一，在苗木挖掘、运输和栽植过程中，要严格保湿、保鲜，防止苗木过多失水；第二，栽植时期必须有利于伤口愈合和促发新根，尽快恢复吸收功能；第三，栽植时使苗木的根系与土壤紧密地接触，并在栽植后保证土壤有充足的水分供应。栽植时，如果所带枝叶较多，在根系恢复正常生长之前，应采取各种办法抑制蒸腾作用，减少树体水分蒸发。

栽植树木时，由于根系受到损伤，降低了对水分和营养物质的吸收能力，而地上部分仍能不断地进行蒸腾。生理平衡遭到破坏，严重时会因失水而死亡。因此，树木栽植成活的关键要及时恢复树体以水分代谢为主的生理平衡。一切利于根系迅速恢复再生能力和尽早使根系与土壤建立紧密联系及抑制地上部分蒸腾的技术措施，都有利于提高树木栽植的成活率。同时栽植人员的技术及责任心也至关重要。一般发根能力和再生能力强的树种，幼、青年期树木及休眠期树木栽植容易成活。

任务二　苗木的准备与运输

学习情境：项目经理派专人负责苗木的采购，要求按施工进度计划表上时间节点，按时将苗木送达工地，苗木要保质保量。

一、任务内容和要求

要完成苗木的采购，首先要联系苗圃，实地考察选择苗木做好标记，按苗木使用时间，提前确定起苗时间，并按技术规范起掘、包装和运输苗木。

二、任务实施

1. 苗木选择

所用苗木应选择与工地自然条件相近地区的苗木，边缘树种应选用经当地驯化3年以上生长良好的苗木。冠径和苗高是指按技术要求（保证成活和树形）栽植修剪后的指标，同时不包含徒长枝和未木质化的枝条的长度。

（1）乔木：冠幅饱满，生长健壮，叶色纯正、枝条均匀，树形优美壮实，不偏冠，无机械损伤、无病虫害及检疫对象，高度、胸径及分枝点达到景观要求。乔木和亚乔木应是经过断根移植的苗木，根系发达而完整，主根短直，接近根茎一定范围内有较多的侧根和须根,起苗后大根系无劈裂。除造型苗木外，乔木及亚乔木应主干通直。

（2）花灌木：高在1m左右，有主干或主枝3～6个，分布均匀，枝冠丰满，根系发达。

（3）观赏树（孤植树）：应个体姿态优美，有特点。树干高2m以上，常绿树枝叶茂密，有新枝生长。

（4）灌木（球形):枝叶茂密、密实度高、形状好、修剪美观，球面不缺角，下部不脱裸。

（5）绿篱：应选择两年以上生、无病虫害、容易成活、耐修剪的植物品种作为栽植苗木。还应根据设计要求，选用满足株高要求，个体一致，下部不脱裸。

（6）藤木有2～3个多年生主蔓，无枯枝现象。

2. 起苗前准备（视频2.2-1 苗木准备号苗拢冠土壤准备）

对选择好的树木应做出明显的标记并进行编号（图2-24），对于树干裸露、皮薄而光滑的树木，应用油漆标明方向。苗木挖掘前对分枝较低、枝条长而比较柔软的苗木或冠丛直径较大的灌木应进行拢冠（图2-25），以便挖苗和运输，并减少树枝的损伤和折裂。起苗前要调整好土壤的干湿情况，如果土壤太干，天气干燥，应提前2～3天对起苗地灌水，使苗木充分吸水，土质变软，便于操作。

视频2.2-1 苗木准备号苗拢冠土壤准备

图2-24 给选定苗木做标记并做编号(左)

图2-25 聚拢树冠(右)

落叶树　　　　常绿树

起苗季节（视频2.2-2 起苗季节起苗方法、裸根苗起苗、带土球起苗）

（1）秋季起苗，应在秋季苗木停止生长，叶片基本脱落，土壤封冻之前进行。此时根系仍在缓慢生长，起苗后及时栽植，有利于根系伤口愈合和劳力调配，也有利于苗圃地的冬耕和因苗木带土球使苗床出现大穴而必须回填土壤等圃地整地工作。秋季起苗适宜大部分树种，尤其是春季开始生长较早的一些树种，如春梅、落叶松、水杉等。过于严寒的北方地区，也适宜在秋季起苗。

（2）春季起苗，一定要在春季树液开始流动前起苗。主要用于不宜冬季假植的常绿树或假植不便的大规格苗木，应随起苗随栽植。大部分苗木都可在春季起苗。

（3）雨季起苗，主要用于常绿树种，如侧柏等。雨季带土球起苗，随起随栽，效果好。

（4）冬季起苗，主要适用于南方。北方部分地区常进行冬季破冻土带冰坨起苗。

3. 苗木起掘（见视频2.2-2）

1）裸根起苗

落叶阔叶树在休眠期移植时，一般采用裸根起苗。起苗时，依苗木的大小，保留好苗木根系，一般乔木根系的半径为苗木胸径的8～10倍，高度为根系直径2/3左右，灌木一般以株高1/3～1/2确定根系半径。如二三年生苗木保留根幅直径约为30～40cm。

大规格苗木裸根起苗时，应单株挖掘。以树干为中心划圆（图2-26），在圆心处向外挖操作沟，垂直下挖至一定深度，切断侧根，然后于一侧向内深挖，并将粗根切断。如遇到难以切断的粗根，应把四周土挖空后，用手锯锯断（图2-27）。切忌强按树干和硬劈粗根，造成根系劈裂。根系全部切断后，将苗取出，对病伤劈裂及过长的土根应进行修剪。

起小苗时，在规定的根系幅度稍大的范围外挖沟，切断全部侧根然后于一侧向内深挖，轻轻倒放苗木并打碎根部泥土，尽量保留须根，挖好的苗木立即打泥浆。苗木如不能及时运走，应放在阴凉通风处假植。

2）带土球起苗

一般常绿树、名贵树木和较大的花灌木常用带土球起苗。土球的直径因苗木

图2-26 土球大小的确定及开挖位置（左）
图2-27 苗木挖掘遇粗根锯断（右）

视频2.2-2 起苗季节起苗方法、裸根苗起苗、带土球起苗

大小、根系特点、树种成活难易等条件而定。苗木根系的分布形态基本上可分为三类：①平生根系，在掘苗时，应将这类树木的土球或根系直径适当放大，高度适当减小；②斜生根系，这类树木根系斜向生长，与地面呈一定角度，如栾树、柳树等，掘苗规格可基本与上面相同；③直生根系，这类树木的主根发达，或侧根向地下深度发展，如桧柏、白皮松、侧柏等，掘苗时，要相应减少土球直径而加大土球高度。一般乔木的土球直径为胸径的 7 ~ 10 倍，土球高度为直径的 2/3，应包括大部分的根系在内。灌木的土球大小以其高度的 $\frac{1}{3}$ ~ $\frac{1}{2}$ 为标准。

起苗方法：

（1）划线：以树干为圆心，按规定的土球直径在地面上划一圆圈。

（2）去表土：表层土中根系密度很低，一般无利用价值。为减轻土球重量，多带有用根系，挖掘前应将表土去掉一层，其厚度以见有较多的侧生根为准。

（3）挖坑：沿地面上所划圆的外缘，向下垂直挖沟，沟宽以便于操作为度，一般 50 ~ 80cm，所挖之沟上下宽度要基本一致。

（4）修平：挖掘到规定深度后，球底暂不挖通。用圆锹将土球表面轻轻铲平，上口稍大，下部渐小（图 2-28），呈红星苹果状（图 2-29）。

图 2-28 土球修整（左）
图 2-29 修整好土球
成红星苹果状（右）

（5）掏底：土球四周修整完好后，再慢慢由底圈向内掏挖。直径小于 50cm 的土球，可以直接将底土掏空，以便将土球抱到坑外包装（图 2-30）；而大于 50cm 的土球，则应将底土中心保留一部分，支住土球，以便在坑内进行包装（图 2-31）。

图 2-30 土球坑外包
扎（左）
图 2-31 土球坑内包
扎（右）

起苗时尽量保护好苗木的根系，不伤或少伤大根。同时，尽量多保存须根，利于将来移植成活生长，起苗时也要注意保护树苗的枝干，以利于将来形成良好的树形，枝干受伤会减少叶面积，也会给树形培养增加困难。

3）机械起苗

目前起苗已逐渐由人工向机械作业过渡。有些机械起苗只能完成切断苗根，翻松土壤的过程，不能完成全部起苗作业（图2-32）；有些机械能完成起苗、运输和栽植过程（图2-33）。常用的起苗机械有国产XML-1-126型悬挂式起苗犁，适用于1～2年生床作的针叶、阔叶苗，功效每小时可达6hm²。DQ-40型起苗机，适用于起3～4年生苗木，可起取高度在4m以上的大苗。

图2-32 机械挖苗(左)
图2-33 机械起苗(右)

4）冰坨起苗

东北地区利用冬季土壤结冻层深的特点，采用冰坨起苗法。冰坨的直径和高度的确定以及挖掘方法，与带土球起苗基本一致。当气温降至-12℃左右时挖掘土球，如挖开侧沟发觉下部冻得不牢不深时，可于坑内停放2～3天。如因土壤干燥冻结不实时，可于土球外泼水，待土球冻实后，用铁钎插入冰坨底部，用锤将铁钎打入，直至振掉冰坨为止。为保持冰坨的完整，掏底时不能用力太重，以防振碎。如果挖掘深度不够，铁钎打入后不能振掉冰坨，可继续挖至足够深度时为止。冰坨起苗适用于针叶树种。为防止碰折主干顶芽和便于操作，起苗前用草绳将树冠拢起。

视频2.2-3 苗木包装

4. 苗木包装（视频2.2-3 苗木包装）

（1）裸根苗包扎

裸根小苗如果运输时间超过24小时，一般要进行包装。特别对珍贵、难成活的树种更要作好包装，以防失水。生产上常用的包装材料有草包、草片、蒲包、麻袋、塑料袋等。包装方法是先将包装材料铺放在地上，上面放上苔藓、锯末、稻草等湿润物，然后将苗木根靠根放在包装物上，并在根间放些湿润物。当每个包装的苗木数量达到一定要求时，用包装物将苗木捆扎成卷（图2-34）。捆扎时，在苗木根部的四周和包装材料之间，应包裹或填充均匀而又有一定厚度的湿润物。捆扎不宜太紧，以利通气。外面挂一标签，标明树种、苗龄、苗木数量、等级和苗圃名称。

短距离的运输，可在车上放一层湿润物，上面放一层苗木（图2-35），分

图2-34 用包装物将
苗木捆扎成卷（左）
图2-35 短距离运输
苗木包扎分层放湿
润物（右）

层交替堆放。或将苗木散放在篓、筐中，苗间放些湿润物，苗木装好后，最后再放一层湿润物即可。

（2）带土球苗木包扎

带土球苗木需运输，搬运时，必须先行包扎。最简易的包扎方法是四瓣包扎（图2-36），即将土球放入蒲包中或草片上，然后拎起四角包好。简易包装法适用于小土球及近距离运输。

土球较大或远距离运输，可用浸润的草绳包扎，先将树干基部横向紧绕几圈并固定牢靠，然后沿土球垂直方向倾斜30°左右缠捆纵向草绳，随拉随捆，同时用事先准备好的木锤、砖石块敲打草绳，使草绳嵌入土，捆得更加牢固，每道草绳间隔8cm左右，直至将整个土球捆完。土球直径小于40cm者，用一道草绳捆一遍，称"单股单轴"（图2-37）；土球较大者，用一道草绳沿同一方向捆二道，称"单股双轴"（图2-38）；必要时用两根草绳并排捆二道的，称"双股双轴"（图2-38）。

5．苗木运输（视频2.2-4 苗木运输）

1）小苗的运输

小苗远距离运输应采取快速运输，运输前应在苗包上挂上标签，注明树种和数量。在运输期间，要勤检查包内的湿度和温度。如包内温度过高，要把包打开通风。如湿度不够，可适当喷水。苗木运到目的地后，要立即将苗包打开进行假植，过干时适当浇水，再进行假植。火车运输要发快件，对方应及时到车站取苗假植。

视频2.2-4 苗木运输

单股双轴

双股双轴

图2-36 土球简易包
扎（左）
图2-37 土球单股单
轴包扎（中）
图2-38 土球单股双
轴和双股双轴包
扎（右）

2）裸根大苗的装运

用人力或吊车装运苗木时，应轻抬轻放。先装大苗、重苗，大苗间隙填放小规格苗。苗木根部装在车厢前面，树干之间、树干与车厢接触处要垫放稻草（图2-39）或草包等软材料，以避免树皮磨损，树根与树身要覆盖，并适当喷水保湿，以保持根系湿润。为防止苗木滚动，装车后将树干捆牢。运到现场后要逐株抬下，不可推卸下车。

3）带土球苗装运

1.5m以下苗木可以立装，高大的苗木必须放倒，土球向前，树梢向后并用木架将树冠架稳。土球直径大于60cm的苗木只装一层，小土球可以码放2～3层，土球之间必须排码紧密以防摇摆，土球上不准站人和放置重物。带土球苗卸车时不得提拉树干，而应双手抱土球轻轻放下（图2-40）。

图2-39 树干与车厢接触处垫软物（左）
图2-40 带土球苗木卸车（右）

三、任务评价

具体任务评价见表2-2。

任务评价表　　　　　　　　　　　　　表2-2

评价等级	评价内容及标准
优秀（90～100分）	不需要他人指导，按不同植物选择标准来选择苗木，给苗木做记号；能独立完成苗木裸根苗的起苗和带土苗木的起苗，起苗土球或根幅大小合适，苗木装卸和运输操作规范
良好（80～89分）	不需要他人指导，按不同植物选择标准来选择苗木，给苗木做记号；能独立完成苗木裸根苗的起苗和带土苗木的起苗，苗木装卸和运输操作规范
中等（70～79分）	在他人指导下，按不同植物选择标准来选择苗木，给苗木做记号；能独立完成苗木裸根苗的起苗和带土苗木的起苗，苗木装卸和运输操作规范
及格（60～69分）	在他人指导下，完成选择苗木，给苗木做记号；在他人指导下完成苗木裸根苗的起苗和带土苗木的起苗和苗木装卸、运输

四、课后思考与练习

（1）植物栽培的季节和时间如何选择？

（2）树木起掘运输过程中保湿措施有哪些？

（3）苗木运输过程中有哪些注意事项？

五、知识与技能链接

园林植物栽植原则

1. 适树适栽

适树适栽，意为根据树种的不同特性采用相应的栽培方法，这是园林树木栽植中的一个重要原则。因此，首先必须了解规划设计树种的生态习性以及对栽植地区生态环境的适应能力，要有相关成功的驯化引种试验和成熟的栽培养护技术，方能保证效果。其次可充分利用栽植地的局部特殊小气候条件，突破当地生态环境条件的局限性，满足新引入树种的生长发育要求，达到适树适栽的要求。

另外，应慎重掌握树种的光照适应性。园林树木栽植不同于一般造林，大多以乔木、灌木、地被植物相结合的群落生态种植模式来表现景观效果。因此，多树种群体配植时，对下木树种的耐荫性选择和喜阳花灌木配植位置的思考，就显得极为突出。

再有，地下水位的控制，在适树适栽的原则中具有重要地位。地下水位过高，是影响园林树木栽植成活率的主要因素，而现有园林树木种类中，耐湿的树种资源极为匮乏。一般园林树木的栽植，对立地条件的要求为：土质疏松、通气透水，特别是雪松、广玉兰、桃树、樱花等，对根际积水极为敏感，栽植时可采用抬高地面或深沟降渍的地形改造措施，并做好防涝引洪的基础工作，以利树体成活和其后的正常生长发育。

2. 适时适栽

园林树木的栽植时期，虽说终年均可进行，特别是在科技发达的今天，只要能很好遵循树木栽植的原理，采取妥善、恰当的保护措施，以消除不利因素的影响，提高栽植成活率是可以做到的，但会增加不必要的投入。因此，园林树木栽植原则上应在其最适宜的时期进行，它是根据各种树木的不同生长特性和栽植地区的特定气候条件而决定。一般来说，落叶树种多在秋季落叶后或在春季萌芽前进行，因为此期树体处于休眠状态，生理代谢活动滞缓，水分蒸腾较少且体内贮藏营养丰富，受伤根系易于恢复，移植成活率高。常绿树种栽植，在南方冬暖地区多行秋植，或于新梢停止生长期进行；冬季严寒地区，易因秋季干旱造成"抽条"而不能顺利越冬，故以新梢萌发前春植为宜；春旱严重地区可行雨季栽植。

(1) 春季栽植：从植物生理活动规律来讲，春季是树体结束休眠开始生长的发育时期，且多数地区土壤水分较充足，是我国大部地区的主要植树季节。我国的植树节定为"3月12日"，虽缘于对孙中山先生的纪念，但其重要的依据仍出于对自然规律的尊重，照顾到全国的气候分布特点。树木根系的生理复苏，在早春即率先开始活动，因此春植符合树木先长根、后发枝叶的物候顺序，有利水分代谢的平衡。特别是在冬季严寒地区或对那些在当地不甚耐寒的次适树种，更以春植为妥，并可免却越冬防寒之劳。秋旱风大地区，常绿树种也宜春植，但在时间上可稍推迟。具肉质根的树种，如山茱萸、木兰、鹅掌楸等，根系易遭低温冻伤，也以春植为好。

春季各项工作繁忙，劳力紧张，要预先根据树种春季萌芽习性和不同栽植地域土壤化冻时期，利用冬闲作好计划安排，并可进行挖穴、施基肥、土壤改良等先期工作，既合理利用劳力又收到熟化土壤的良效。树种萌芽习性以落叶松、银芽柳等最早，柳、桃、梅等次之，榆、槐、栎、枣等较迟。土壤化冻时期与气候因素、立地条件和土壤质地有关。落叶树种春植宜早，土壤一化冻即可开始进行。

（2）秋季移植：在气候比较温暖的南方地区，以秋季栽植更相适宜。此期，树体落叶后进入生理性休眠，对水分的需求量减少，而外界的气温还未显著下降，地温也比较高，树体的根部尚未完全休眠，移植时被切断的根系能够尽早愈合，并可有新根长出。翌春，这批新根即能迅速生长，有效增进树体的水分吸收功能，有利于树体地上部枝芽的生长恢复。

华东地区秋植，可延至11月上旬至12月中下旬；而早春开花的树种，则应在11月之前种植；常绿阔叶树和竹类植物，应提早至9～10月进行；针叶树虽在春、秋两季都可以栽植，但以秋植为好。华北地区秋植，适用于耐寒、耐旱的树种，目前多用大规格苗木进行栽植以增强树体越冬能力。

东北和西北、北部等冬季严寒地区，秋植宜在树体落叶后至土地封冻前进行；另外，该地区尚有冬季带冻土球移植大树的做法，在加拿大、日本北部等冬寒严重地区，亦常用此法栽植，成活率亦较高。

（3）雨季（夏季）栽植：受印度洋干湿季风影响，有明显旱、雨季之分的西南地区，以雨季栽植为好。雨季如果处在高温月份，由于阴晴相间，短期高温、强光也易使新植树木水分代谢失调，故要掌握当地雨季的降雨规律和当年降雨情况，抓住连续阴雨时期的有利时机进行。江南地区，亦有利用6～7月"梅雨"期连续阴雨的气候特点进行夏季栽植的经验，只要注意防涝排水的措施，即可收到事半功倍的效果。

3. 适法适栽

园林树木的栽植方法，依据树种的生长特性、树体的生长发育状态、树木栽植时期以及栽植地点的环境条件等，可分别采用裸根栽植和带土球栽植。

（1）裸根栽植：此法多用于常绿树小苗及大多落叶树种。裸根栽植的关键在于保护好根系的完整性，骨干根不可太长，侧根、须根尽量多带。从掘苗到栽植期间，务必保持根部湿润，防止根系失水干枯。根系打浆是常用的保护方式之一，可提高移栽成活率20%以上。浆水配比为：过磷酸钙1kg+细黄土7.5kg+水40kg，搅成浆糊状。为提高移栽成活率，运输过程中，可采用湿草覆盖的措施，以防根系风干。

（2）带土球移植：常绿树种及某些裸根栽植难于成活的落叶树种，如板栗、长山核桃、七叶树、玉兰等，常采用带土球移植；大树移植和生长季栽植，亦要求带土球进行，以提高树木移植成活率。

任务三　园林树木的栽植工程

学习情境：场地已清理干净，按图纸设计标高堆出地形，场地整理平整，苗木也已联系到位，项目经理派技术员负责安排工人，指导树木栽植施工。

一、任务内容和要求

树木种栽植施工工作内容和工作顺序有土壤准备、栽植穴的准备、配苗或散苗、栽前的修剪、树木的栽植。

二、任务实施

1. 土壤准备（视频2.3-1　土壤准备）

首先将绿化用地与其他用地分开，对于有混凝土的地面一定要刨除。将绿地划出后，根据本地区排水的大趋势，将绿化地块适当垫高，再整理成一定坡度，以利排水。然后在种植地范围内，对土壤进行整理。有时由于所选树木生活习性的特殊要求，要对土壤进行适当改良，若在建筑遗址、工程遗弃物、矿渣炉灰地修建绿地，需要清除渣土并根据实际采取土壤改良措施，必要时换土。对于树木定植位置上的土壤改良一般在定点挖穴后进行。

视频2.3-1　土壤准备

植物生长在土壤中，土壤起支撑植物和供给水分、矿质营养和空气的作用。土壤的结构、厚度与理化性质不同，影响到土壤中的水、肥、气、热的状况，进而影响到植物的生长。大多数植物要求在土质疏松、深厚肥沃的壤质土壤上生长，深厚的土层能促使根系向下层生长，能增加植物的抗逆能力。每种植物都要求在一定的土壤酸碱度下生长，应当针对植物的要求，合理栽植，对部分酸碱度要求较高的植物可以进行土壤酸碱度调节或局部换土。

2. 栽植穴的准备

树木栽植前栽植穴的准备是改地适树，协调"地"与"树"之间相互关系，创造良好的根系生长环境，提高栽植成活率和促进树木生长的重要环节。首先通过定点放线确定栽植穴的位置，株位中心撒白灰作为标记。栽植穴的规格比裸根苗的根幅大20～30cm，带土球的比土球直径大30～40cm，穴深比裸根深20～30cm，比土球高度深20cm左右；穴或槽周壁上下大体垂直，而不应成为"锅底"或"V"形（图2-41）。

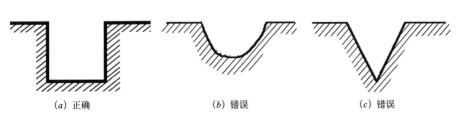

(a) 正确　　　　　(b) 错误　　　　　(c) 错误

图2-41　种植穴剖面图

在挖穴或槽时，肥沃的表土与贫瘠的底土应分开放置，除去所有石块、瓦砾和妨碍生长的杂物。土壤贫瘠的应换上肥沃的表土或掺入适量的腐熟有机肥。在土壤通透性极差的立地上，应进行土壤改良，并采用瓦管和盲沟等排水措施。在一般情况下，可在土壤中掺入沙土或适量腐殖质改良土壤结构，增强通透性，也可加深栽植穴，填入部分沙砾或在附近挖与栽植穴底部相通且深于栽植穴的暗井，并在栽植穴的通道内填入树枝、落叶及石砾等混合物，加强根区的地下排水。在渍水极严重的情况下，可用粗约 8cm 的瓦管铺设地下排水系统。

3. 配苗或散苗

按设计图纸或定点木桩，将对应的树种散放在树坑（穴）旁边称为散苗，即"对号入座"。散苗应准确、细心核对，避免散错，轻拿轻放，边散边植。对行道树或行列式栽植树木进行散苗，须事先量好高度，按高度分级排列，以保证邻近苗木规格基本一致，使栽植之后达到整齐美观的效果。配苗后还要及时核对设计图，检查调整。

4. 栽前的修剪

1）栽植前的处理（视频 2.3-2 栽前处理）

起苗后栽植前对苗木要进行修枝、修根、浸水、截干、埋土、贮存等处理。修枝是将苗木的枝条进行适当短截，一般对阔叶落叶树进行修枝以减少蒸腾面积，同时疏去生长位置影响树形的枝条；针叶树的地上部分一般不进行修剪；对萌芽较强的树种也可将地上部分截去，移植后可发出更强的主干。裸根苗起苗后要进行剪根（图 2-42），剪短过长的根系，剪去病虫根或根系受伤的部分，主根过长也应适当剪短；带土球的苗木可将土球外边露出的较大根段的伤口剪齐，过长须根也要剪短。修根后还要对枝条进行适当修剪，减少树冠，有利于地上地下的水分平衡，使移植后顺利成活，修根、修枝后马上进行栽植。不能及时栽植的苗木，裸根苗根系泡入水中或埋入土中保存（图 2-43），带土球苗将土球用湿草帘覆盖或将土球用土堆围住保存。栽植前还可用根宝、生根粉、保水剂等化学药剂处理根系，使移植后能更快成活生长，同时苗木还要进行分级，将大小一致、树形完好的一批苗木分为一级，栽植在同一地块中。

视频 2.3-2　栽前处理

图 2-42　裸根苗根的
　　　　修剪（左）
图 2-43　苗木假植土
　　　　中（右）

2）栽植前苗木修剪

重点修剪折损枝，剪除病枯枝、交叉枝、过密枝、并生枝、过低的垂枝、砧木萌蘖枝、树干上的冗枝、影响观赏效果的徒长枝。裸根苗根部修剪，应剪去病虫根、枯死根、劈裂根，过长根适当短截。全冠移植苗，除上述修剪外，对主枝一般不进行短截，尤其是樱花、樱桃、玉兰主枝不可短截，以疏除内膛过密枝为主，疏枝量1/4～1/3，尽量保留树冠外围枝，保持自然、完整的树形（图2-44）。樱花、樱桃枝条短截或修剪过重，是导致树势衰弱和发病严重的主要原因。带冠移植苗，可适当短截主、侧枝。欲扩大树冠时，剪口处应留外向芽。一般主枝短截不超过其长度的1/3，其他侧枝重剪1/3～1/2。金叶榆可在嫁接口上40～50cm处短截。

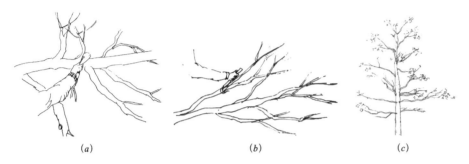

图2-44　广玉兰栽植
前修剪
(a) 疏除交叉枝；
(b) 疏除内膛过密枝条；
(c) 修剪后树形

浅根性树种，应对树冠过大、枝条过密、伸展过长的苗木（刺槐、红花刺槐、香花槐、合欢等）进行适当的疏枝或短截，防止风折或倒伏。主轴明显的树种，如杨树、雪松等，应尽量保护顶梢。如原中央领导枝在起运过程中受损的，应剪至壮芽或较直立的侧枝处，重新培养代替原中央领导枝。枝条轮生苗木的修剪，如水杉等，应疏除相邻两轮过密的重叠主枝，剪去冠内的枯死枝、病虫枝、细弱枝等；银杏可疏除轮生大枝中过密集与上、下层较邻近的重叠枝、过密小枝，但避免疏除对口大枝。

另外，嫁接繁殖苗，如金枝槐、金叶槐、金叶榆、金叶垂榆、大叶垂榆、金枝白蜡、龙爪槐、蝴蝶槐、江南槐、苹果树、梨树、柿树等，应及时剪去砧木萌蘖枝。伞形树冠苗木的修剪，如龙爪槐、大叶垂榆、金叶垂榆等，应剪去树冠上部的异形枝、砧木萌蘖枝、冠内重叠枝、交叉枝、下垂枝，对主侧枝进行适当短截，主枝要长于侧枝。修剪后，主侧枝分布均匀。观果类植物，如石榴、苹果树、梨树、枣树等，短截或疏枝时，应注意保护好花芽、混合芽和结果枝组，疏去冠丛内直立无用的徒长枝；樱桃应行轻剪，修剪量不可过大，以免引起干腐病严重发生。行道树凡分枝点以下枝条及过低的下垂枝、过密枝、影响树冠整齐的枝条应全部剪除。银杏、七叶树大枝不得短截。

5. 园林树木的栽植

栽植苗木品种必须有准确无误的栽植点平面位置，高程必须符合设计要求。如因施工要求和运输条件限制，必须在做微地形前进行定植的大规格苗木，栽植点高程必须准确。凡需使用起重机栽植的大树，应尽量在铺设园路、广场面层之前完成栽植，以防在作业时损伤路面。

园林树木栽植的苗木直立端正，不倾斜，裸根苗根系必须舒展，深度必须适当，并要注意方向。栽植深度应以新土下沉后树木原来的土印与土面相平或稍低于土面为准。栽植过浅，根系容易失水干燥，抗旱性差；栽植过深，根系呼吸困难，树木生长不旺。孤植苗木、景观树栽植时应注意观赏面的朝向，其冠形好的一面应朝向主要观赏面；主干较高的大树，栽植方向应保持原生长方向，以免冬季树皮被冻裂或夏季受日灼危害。若无冻害或日灼，应把树形最好的一面朝向主要观赏面。不易腐烂的包装物必须取出，如过密草绳、无纺布、遮阳网等。不易腐烂的包装物常导致苗木烂根甚至死亡。栽植时除特殊要求外，树木应垂直于东西、南北两条轴线。行列式栽植时，要求每隔 10 ~ 20 株先栽好对齐用的"标杆树"。如有弯干的苗，应弯向行内，并与"标杆树"对齐，左右相差不超过树干的一半，做到整齐美观。

1）裸根苗的栽植（视频 2.3-3 裸根苗的栽植）

将苗木运到栽植地，根系没入水中或埋入土中存放、边栽边取苗。先比试根幅与穴的大小和深浅是否合适，并进行适当调整和修理。在穴底填些表土，堆成小丘状，至深浅适合时放苗入穴，使根系沿锥形土堆四周自然散开，保证根系舒展（图 2-45）。具体栽植时，一般两人一组，一人扶正苗木，一人填入拍碎的湿润表土（图 2-46）。填土约达穴深的 1/2 时轻提苗，使根自然向下舒展，然后用木棍捣实或用脚踩实（图 2-47）。继续填土至满穴，再捣实或踩实一次，最后盖上一层土与地相平或略高，使填的土与原根颈痕相平或略高 3 ~ 5cm。有机质含量高的土壤，能有效促进苗木的根系发育，所以在栽植苗木时，一般应施入一定量的有机肥料，将表土和一定量的农家肥混匀，施入沟底或坑底作为底肥。农家肥的用量为每株树 10 ~ 20kg 为宜。埋完土后平整地面或筑土堰，便于浇水。栽植苗木时候还要注意行内苗木要对齐。前后左右都对齐为好。

视频 2.3-3 裸根苗的栽植

图 2-45 裸根苗入穴根系要舒展（左）
图 2-46 栽树人员分工（中）
图 2-47 踏实或用木棍捣实土壤（右）

2）带土球苗的栽植（视频 2.3-4 带土球苗的栽植）

先测量或目测已挖树穴的深度与土球高度是否一致，对树穴作适当填挖调整，填土至深浅适宜时放苗入穴。应先踏实栽植穴底部松土，土球底部土壤散落的，应在树穴相应部位堆土，使苗木栽植后树体端正，根系与土壤紧密相接。苗木落穴前调整苗木朝向，当土球苗或容器苗吊至穴底但未落实时，应由2～3人手推土球及容器上沿，调整好朝阳面或观赏面，将树体落入树穴中（图2-48、图2-49）。在土球四周下部垫入少量的土（图2-50），使树直立稳定，然后剪开包装材料，将不易腐烂的材料一律取出，容器苗必须将容器除掉后再栽植。为防止栽后灌水土塌树斜，填土一半时，用木棍将土球四周的松土捣实，填到满穴再捣实一次（注意不要将土球弄散），盖上一层土与地面相平或略高，最后把捆拢树冠的绳索等解开取下。

大规格肉质根、常绿针叶树的栽植。为提高大树移植的成活率，大规格肉质根（如银杏、玉兰）、常绿针叶树（如雪松、白皮松）等，在较黏重土上栽植时，树穴内应垂直埋设透气管（图2-51）或树笼。透气管兼用作输送肥液、水分和防治病虫害。胸径 15～25cm 的落叶乔木和株高 6m 以上的常绿乔木，可设置直径 10cm 的透气管 2～3 根，胸径大于 25cm 的可设 3～5 根。将透气管垂直紧贴土球放置，管内可灌或不灌细砂，透气管长度以高出土球 5cm 为宜，上口用薄无纺布封裹；也可将向日葵秆或玉米秆数根绑成把，垂直贴近土球埋入 3～4 把，以增加土壤的通气性。栽植较大规格的雪松，及夏季栽植易患枯萎病的树种，如合欢、黄栌等，树穴、苗木土球及树干应喷洒杀菌剂，以减少病害发生。

视频 2.3-4 带土球苗的栽植

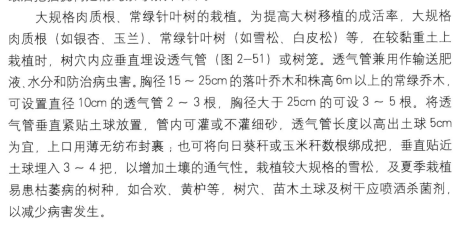

图 2-48 苗木落穴前通过牵绳调整朝向（左上）

图 2-49 苗木落穴前调整苗木朝向（右上）

图 2-50 土球下填土垫稳（左下）

图 2-51 埋设透气管（右下）

三、任务评价

具体任务评价见表2-3。

任务评价表　　　　　　　　　　　　　　　　　　　表2-3

评价等级	评价内容及标准
优秀（90~100分）	三人配合能完成裸根苗栽植，带土球苗木的栽植；步骤正确、操作规范、能注意到细节、团队协作、配合默契
良好（80~89分）	不需要他人指导，三人配合能完成裸根苗栽植，带土球苗木的栽植；步骤正确、操作规范、团队协作、配合默契
中等（70~79分）	相互协商配合能完成裸根苗栽植，带土球苗木的栽植；步骤正确、操作基本规范
及格（60~69分）	在他人协助下能完成裸根苗栽植，带土球苗木的栽植；步骤正确、操作基本规范

四、课后思考与练习

(1) 园林植物栽植前的准备工作有哪些？

(2) 植树工程施工的主要工序有哪些？

(3) 栽植过程中，挖穴有什么要求？

(4) 大规格苗木移栽前应该如何修剪？原理是什么？

(5) 春季植树和秋季植树各有什么特点？

(6) 园林树木栽植成活的关键是什么？

(7) 树木带土球移植有什么好处？

五、知识与技能链接

不同类型园林植物栽植前修剪技术

1) 常绿乔木修剪

(1) 常绿针叶乔木修剪，主要修剪折损枝、枯死枝，疏剪过密细弱枝。修剪量应视土球大小、苗源地土壤质地、移植情况、发枝能力、栽植时期而定，一般不得超过10%。

(2) 对干性强树种，为提高雪松、华山松、云杉、独杆白皮松等树种的观赏性，小规格苗木可对其主干上的并生枝、竞争枝短截至分生枝处。大规格苗木主干竞争枝的处理（5m以上），应视苗木而定，在去掉一个较弱主干枝而不影响冠形整齐、美观的前提下，可短截弱主干枝至分生枝处。对已形成双头或多头多年生苗木，应维持现有树形，不可强行去除并生枝头，以免造成偏冠，破坏冠形。

(3) 分枝层次明显的树种，如雪松、石杉等，整形修剪时，仅对树冠内过于紊乱、层次不清的枝条进行清理，每层间保持适当距离，去除层间的杂乱枝，使层次更加清晰、美观。但对冠内枝条疏密度适宜、层次分明的不应再行修剪。

（4）注意保留树干基部枝条，除枯死枝外，下部枝条一律不需修剪，但作行道树的松科类树种除外。

2）常绿阔叶乔木修剪

（1）女贞、广玉兰、石楠等，生长季节修剪应以疏枝和摘叶相结合，广玉兰以摘叶为主。短截折损枝至分生枝及壮芽处，并适当疏除冠丛内过密小枝，摘除树冠内部过密的叶片。摘叶量应视树冠及土球的大小、土球完整程度、枝叶疏密程度而定，一般可达总叶量的 1/2 ~ 2/3。

（2）广玉兰不得进行重剪，对超过中心主枝顶梢的轮生侧枝，应行短截或摘心。

（3）较大型规格苗木，剪除枯死枝、病虫枝，疏剪过密枝，还应更新修剪老枝，在多年生老枝上开花的除外，如紫荆、贴梗海棠等。

（4）对侧根、须根较少苗木的修剪，如火棘，为提高成活率，可对枝条适当进行重剪。

3）不同类型花灌木的修剪

（1）春季观花类：因为此类苗木花芽多在夏梢或二年生枝上，如榆叶梅、紫荆等，一般可剪去秋梢；花芽或混合芽顶生的种类，如丁香等，只可疏枝，不可短截；老枝上开花的，如紫荆、贴梗海棠等，应保护老枝；小枝细密类的，如平枝栒子等，适当疏去重叠枝、过密小枝、交叉枝，短截徒长枝；自然生长枝条较杂乱的，如火棘等，应修剪交叉枝、过密枝、徒长枝。

（2）夏秋观花类：此类苗木花芽主要生在当年生小枝的顶端，发芽前一般可行重剪，如紫薇、珍珠梅等，可自二年生枝 8 ~ 10cm 处短截；雪山八仙花、圆锥八仙花、金叶莸、诺曼绣线菊等，可自基部 15cm 处重剪。

（3）观叶植物类：可适当重剪。如金叶风箱果，可自基部 5 ~ 6 个饱满芽处短截。

（4）特殊株形的修剪：具拱枝形苗木的修剪，如垂枝连翘、金脉连翘、朝鲜连翘、迎春、木香、野蔷薇等，长枝不行短截，帚桃修剪时，应保持其直立生长的帚形树形，严禁作开心形修剪。可适当疏去内膛细弱枝、过密枝，下部侧枝应尽量保留。

4）常绿灌木修剪

铺地柏、砂地柏、矮紫杉等，除折损枝、枯死枝外一般不行修剪，修剪折损枝至分生枝处。砂地柏伸展过高，影响冠形整齐的徒长枝，应短截至适当高度的分生枝处。桂花、枸骨等枝稠密的，应疏去内部过密枝、细弱枝，增加通透性。叶片稠密的桂花、枸骨等，可疏去叶片的 1/2 ~ 2/3。疏叶时，树冠外围叶片宜适当多保留。

任务四　绿篱及色带苗木栽植施工

学习情境：绿化工程中大乔木和花灌木及灌木球已栽植完成，现在组织工人转移到绿篱及色带的种植上，绿篱、色块的种植施工开始大面积的进行。

一、任务内容和要求

技术人员根据设计图纸和苗木种植计划，完成图纸中绿篱及色块在施工现场的放线，整理土壤，完成绿篱及色带植物的栽植及浇水养护。

二、任务实施

1. 苗木选择（视频 2.4-1 绿篱苗木选择、定点划线、整地施肥）

绿篱是用比较容易成活的植物品种栽植而成的，因此，在一年的春、夏、秋均可栽植。苗木应选择下部无秃裸（图 2-52、图 2-53）的 2 年以上生、无病虫害、容易成活、耐修剪的植物品种。矮绿篱高度在 50cm 以下，因此选高度在 60cm 以下苗木进行栽植，常用的品种有小叶黄杨、龙柏、红叶小檗、红花檵木、五色草等。中绿篱高度在 70 ～ 120cm，应选用高度在 80 ～ 150cm 的苗木，常用的植物有大叶黄杨、海桐、含笑、金叶女贞、小叶女贞、七里香等。高绿篱高度在 120 ～ 150cm，应选用高度在 130 ～ 160cm 的苗木，常用的植物有楮树、法国冬青、大叶女贞、桧柏、紫穗槐等。绿墙高度在 200cm 以上易选用高度在 210cm 以上的苗木，常用的植物有绿篱竹、龙柏、蔷薇等。

视频 2.4-1　绿篱苗木选择、定点划线、整地施肥

图 2-52　大叶黄杨苗下部秃裸（左）

图 2-53　大叶黄杨苗下部不秃裸（右）

2. 定点划线（见视频 2.4-1）

栽植前工程技术人员应按照绿化图纸的设计进行实地测量。规则式绿篱、色块多栽植于路缘或紧靠建筑物，放线时应以路缘石或建筑物散水为界，留出设计栽植宽度，在另一侧划出栽植外缘线，确定具体栽植地点、品种，而后再根据施工图和苗木品种，标定出绿篱的长度和宽度才能开始施工。绿地里的色块，可以道路、路缘石、花坛、建筑物或栽植苗木为参照物，在指定的位置，用皮尺按比例量出色块栽植范围，在地面用白灰标示出栽植外缘挖掘线。不规则式色块、色带，一般外缘线多为流线型，因此要求栽植范围要准确，放线时外缘线要自然流畅。绿篱色块在主要观赏绿地定点放线时，可用水准仪测点确定栽植区域外缘的平面位置。测点上楔入木桩，在 3 个以上测点设立的木桩外

侧，用塑料管或粗麻绳连接，然后反复调整塑料管或绳索的位置，使外缘线达到设计要求的流线型。最后审核确定无误后，在塑料管或绳索的内侧用白灰标示出栽植区域的外缘线。

3. 整地施肥（见视频 2.4-1）

当栽植面积较大时，我们先用大型机械将地面进行深翻疏松，将较大的土块切断破碎，而后施上基肥。一般每亩施袋装的腐殖质 3000 ~ 4000kg 为宜，将腐殖质均匀地撒在土壤表面，而后再进行一次旋耕，进一步打碎土壤、平整地块，并将腐殖质与土壤充分混合。最后用耙子仔细地整平、耙细，并拣出石块碎砖等杂物。当栽植面积不大时，绿篱等应挖槽整地（表 2-4）；成片密植的小株灌木，可采用几何形大块浅坑。在挖槽时，肥沃的表土与贫瘠的底土应分开放置，除去所有石块、瓦砾和妨碍生长的杂物。土壤贫瘠的应换上肥沃的表土或掺入适量的腐熟有机肥，按图纸要求把土用耙整平，使中间略微高出周围，保持千分之二的坡度，以利排水。

栽植绿篱挖槽规格（单位：cm）		表2-4

绿篱苗高度	挖槽规格（宽×深）	
	单行式	双行式
0.5~1.0	40×30	60×30
1.0~1.2	50×30	80×40
1.2~1.5	60×40	100×40
1.5~2.0	100×50	120×50

4. 栽植方法

栽植需考虑绿篱及色带苗木栽植密度、深度和顺序（视频 2.4-2 绿篱栽植方法、绿篱初修剪、绿篱浇定根水）。

苗木运到后，应即栽即种，栽植密度，以相邻植株枝条刚刚搭上为宜，最外侧一行应适当加大栽植密度。一般绿篱、色块植物栽植深度与原栽植线平齐。同种苗木的大小、高矮应尽量保持一致，过于弱小或高大的都不要选用，以方便后期造型、修剪。9 月份以后定植的大叶黄杨、金心黄杨、金边黄杨、龙柏等也可比原栽植线深 2 ~ 3cm。

视频 2.4-2　绿篱栽植方法、绿篱初修剪、绿篱浇定根水

具体栽植时要严格按照预先设计好的方案进行栽植。先栽植外围苗木，后栽植中间苗木，内侧沿长边线向外，株距、行距要求基本一致。微地形及坡地色块应由上向下栽植。不同色彩植物的色块，应由内向外分块栽植。当栽植宽度在三排以上的绿篱时，植株应呈品字形交叉，相邻的三棵苗木之间应呈一个等边三角形（图 2-54），这样能最大限度地提高空间利用率，有利于通风透光，均衡生长。栽植时先挖一个深度略大于苗木根部的坑，而后去除包装物，将苗木放入坑中，将苗木扶正，观赏形状好的一面朝向外侧，用土埋好压实。篱缘线及色块外缘线应整齐或呈自然流线形，色块间宜留 5 ~ 10cm 间隔，增加色彩的立体感。随填土随踏实，不得露土球，株间土面应平整。最外一行栽植时

宜垂直或向外侧倾斜10°～15°，相邻两行也逐渐减小倾斜度，与内侧苗木自然相接。

栽植面比路缘石、驳岸、建筑物散水等低2～3cm（图2-55），防止下雨或灌水后泥水外流，造成路面、水系污染。栽植宽度超过200cm的色块、色带时，中间应留出20～30cm作业步道，便于养护时使用。苗木的株行距应按设计每平方米株数栽植。栽植完成后，要立即浇一次透水，使苗木根系与土壤紧密结合。

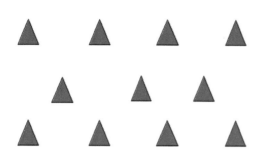

图2-54 苗木成"品"字形栽植（左）
图2-55 种植面低于路缘石（右）

5. 初修剪

作绿篱、色块栽植的苗木栽植前一般不修剪，应在栽植后进行一次初修剪，浇灌两遍水后进行整形修剪。这样做除了能起到美化外观、均衡长势的作用外，还可以达到减少水分蒸腾，提高苗木成活率的目的。修剪要求：

（1）新植绿篱修剪后高度，必须达到设计要求。

（2）修剪后，轮廓清晰、线条流畅、边角分明、整齐美观。

（3）剪后及时清理地面、篱面、株丛内的残枝。

6. 浇定根水

修剪完毕用土围好堰，并用脚踏实，以防浇水时漏水。浇水时应缓慢浇灌、浇足浇透。浇水后三至五天视土壤干湿情况再浇灌一次，以提高新栽苗木的成活率。

三、任务评价

具体任务评价见表2-5。

任务评价表　　　　　　　　　　　　　　表2-5

评价等级	评价内容及标准
优秀（90～100分）	不需要他人指导，完成定点放线任务、放线正确、绿篱栽植操作规范、能注意到细节问题、工具使用正确、修剪浇定根水及时
良好（80～89分）	不需要他人指导，完成定点放线任务、放线正确，绿篱栽植操作规范、工具使用正确、修剪浇定根水及时
中等（70～79分）	在他人指导下，完成定点放线任务、绿篱栽植操作规范、工具使用正确、修剪浇定根水及时
及格（60～69分）	在他人指导下，完成定点放线任务、绿篱栽植操作规范、工具使用正确

四、课后思考与练习

(1) 用于绿篱栽植苗木选择标准是什么？

(2) 绿篱苗木栽植修剪是什么时候？有哪些要求？

(3) 简述色带苗木栽植技术？

五、知识与技能链接

1. 苗木的假植

起苗分级后，如不立即运出造林，把苗木集中起来，埋藏在湿润的土壤中，称为假植。时间较短的假植称为临时假植。做法：选择避风阴湿、排水良好、便于管理的地方，把苗木的根系和茎的下部用湿润的土壤埋好，踩实。如只假植三五天，只需将苗木根部浸水或用湿土遮盖即可。

凡秋后起苗当年不造林，需要假植越冬的，称为长期假植。长期假植应开掘假植沟（图2—56），沟东西向，沟深视苗木大小而定，沟一边成45°斜坡，将苗木单株或扎成小捆摆在假植沟中，苗梢朝南、壅土踏实，然后再放第二行，直到苗木放完为止。

如苗根较干，应将苗根用水浸一昼夜后再假植。如土壤干燥，假植前应灌溉，但不宜太多。假植应掌握"疏排、深埋、踩实"的原则。面积较大的假植地要分区、分树种、定数量（每一定数量做一标记），并在地头插标牌，注明树种、苗龄、数量、假植时间等。假植期间要经常检查，发现覆土下沉时要及时培土。春季化冻前要清除积雪。早春如苗木不能及时栽植，为抑制苗木萌发，可进行遮阴。

控根快速育苗器进行假植：控根快速育苗容器由底盘、侧壁和扣杆等3个部件组成。底盘为筛状构造，其独特的设计形式对防止根腐病和主根的缠绕有独到的功能；侧壁为凸凹相间形状，外侧顶端有小孔，此结构既可扩大侧壁表面积，又为侧根"气剪"（空气修剪）提供了条件，继而在根尖后部萌发无数倍新根继续向外向下生长，极大地增加了短而粗的侧根数量。容器除能使苗木根系健壮，生长旺盛，极大地缩短育苗周期，提高移栽成活率，减少苗木移栽后的工作量外，特别是在大苗移栽及反季节移栽上具有明显的优势，利用容器全年都可以对苗木移栽，因此被称为可以移动的森林，目前被广泛用于大苗培育和植物假植上。

图2—56　苗木假植（左）
图2—57　控根器（黑）
　　　　　假植（右）

2．临时栽植技术

预先无计划，因特殊需要，在不适合季节栽植树木。可按照不同类别树种采取不同措施。

1）常绿树的栽植

应选择春梢已停，2次梢未发的树种；起苗应带较大土球。对树冠进行疏剪或摘掉部分叶片。做到随掘、随运、随栽；及时多次灌水，叶面经常喷水，晴热天气应结合遮阴。易日灼的地区，树干裸露者应用草绳进行卷干，入冬注意防寒。

2）落叶树的栽植

最好也选春梢已停长的树种。疏掉徒长枝及花、果。对萌芽力强，生长快的乔、灌木可以重剪。最好带土球移栽，若裸根移植，应尽量保留中心部位的心土。尽量缩短起（掘）苗、运输、栽植的时间，裸根根系要保持湿润。栽后要尽快促发新根，可灌溉一定浓度的（0.001%）生长素；晴热天气，树冠应遮阴或喷水。易日灼地区应用草绳卷干。应注意伤口防腐，剪后晚发的枝条越冬性能差，当年冬应注意防寒。

任务五　新植树木的成活期养护

学习情境：项目经理在现场巡查，发现苗木栽植后的养护管理不到位，导致一些苗木濒临死亡，项目经理立刻召集技术人员开会，要求提高重视，加强树木成活期的养护管理工作。

一、任务内容和要求

新植树木成活期养护管理工作包括内容：树木支撑、开堰、灌水、封堰和成活调查与补植。对于反季节栽植苗木和一些珍贵或大规格苗木，为了减少蒸发，尽快促发新根，达到树体水分代谢平衡，常见栽培措施有遮阴缓苗、缠干保湿、喷抗蒸腾剂、喷水保湿、调整苗木垂直度和栽植深度等。

二、任务实施

1．正常栽植新植树木成活期养护管理（视频2.5-1 成活期养护）

1）树木支撑

为防止大规格苗（如行道树苗）灌水后歪斜，或受大风影响成活，栽后应立支柱。常用通直的木棍、钢管作支柱，长度以能支撑树苗的1/3～1/2处即可。一般用长1.5～2m、直径5～6cm的支柱。可在种植时埋入，也可在种植后再打入（入土20～30cm）。栽后打入的，应在苗木浇灌定根水之前完成，固定要避免打在根系上和损坏土球。树体不是很高大的带土移栽树木可不立支柱。立支柱的方式有单支式（图2-58）、双支式（图2-59）、三支式、四支式和棚架式。

视频2.5-1　成活期养护

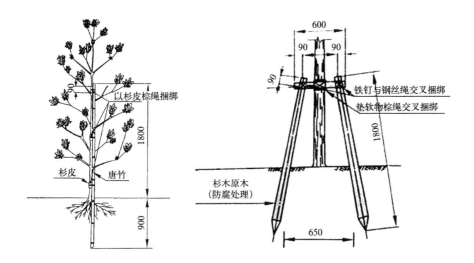

图 2-58　单支式（左）
图 2-59　双支式（右）

（1）支撑要求

三角支撑的支撑点高度宜在树高的 1/3 ～ 1/2 处，一般常绿针叶树，支撑高度在树体高度的 1/2 ～ 2/3 处，落叶树在树干高度的 1/2 处；四角支撑一般高 120 ～ 150cm，"N" 字支撑高 60 ～ 100cm；扁担桩高度在 100cm 以上。

三角支撑的一根撑杆必须设立在主风方向上位，其他两根均匀分布。行道树的四角支撑，其两根撑杆必须与道路平齐。三角支撑一般倾斜角度 45° ～ 60°，以 45° 为宜。四角支撑，支撑杆与树干夹角 35° ～ 40°。

三角、四角支撑及水平支撑的撑杆要粗细一致，整齐美观。对行列式栽植及片植的同一树种，其撑杆的设置方向、支撑高度、支撑杆倾斜角度应整齐一致，分布均匀。支撑杆要设置牢固，不偏斜、不吊桩，支撑树干扎缚处应夹垫透气软物。用松木做支撑杆时，必须刮除树皮，以防病虫害发生和蔓延，严禁使用未经处理、带有病虫的木质撑杆。

（2）支撑方法

三角支撑（图 2-60）。树体高度在 5m 以上的苗木，应作三角或四角支撑。苗木高度在 6 ～ 7m 以上、树冠较大的，应设两层支撑。支撑杆基部应埋入土中 30 ～ 40cm，并夯实。也可将撑杆基部，直接与楔入地下 30 ～ 40cm 的锚桩固定。绑扎树干处应夹垫透气软物，以防磨损树干。支撑杆与树干用 10 号钢丝固定。

四角支撑。为保证交通安全和方便行人通行，一般行道树多采用此种支撑方法。胸径在 10cm 以下的乔木，可用松木杆做成井字塔形支架（图 2-61），也可用钢管材料的四角支撑架固定树体。立柱基部应埋入土中 20 ～ 30cm，并夯实。立柱上下两端分别用横杆与之交叉固定，上端四根紧贴树干，与树干接触处应缠草绳或垫软物保护。

双支式又叫 "N" 字形支撑。树体不过于高大的，可采用 "N" 字形支撑。在土球外两侧，各埋一根长度 80 ～ 100cm 的直立木桩，两木桩间距 80cm，再用长 1m 的横杆与树干、立木桩拴牢固定，树干与横木杆间夹垫衬物（图 2-62）。

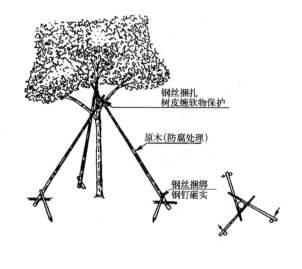

图 2-60 三支式支撑

钢丝捆扎
树皮缠软物保护

原木(防腐处理)

钢丝捆绑
钢钉砸实

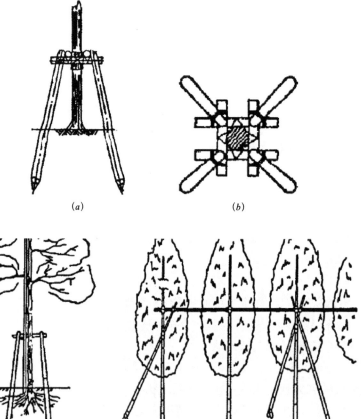

(a)   (b)

图 2-61 四角支撑
(a) 四角支撑立面示意图；
(b) 四角支撑平面示意图

图 2-62 "N" 字形支
撑（左）

图 2-63 排 列 杆 支
撑（右）

　　排列杆支撑。成片栽植或假植的较大型乔木或竹类，采用水平支撑，可用 3 ～ 5cm 粗的杉木杆或竹竿相互与树干连接固定，周边用斜撑加固。支撑杆与树干绑扎处必须缠垫软物，支撑应架设牢固，保证撑杆不滑脱，整体稳固、不倾斜（图 2-63）。

牵拉式支撑（图2-64，图2-65）。用于大型树木，因牵拉钢索的脚部伸出的距离较远，故需要有足够的占地面积。

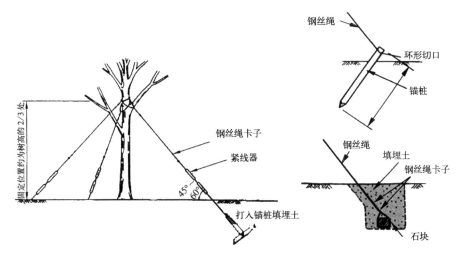

图2-64　牵拉式支撑（左）

图2-65　牵拉式支撑的固定（右）

2）开堰、作畦

单株树木定植后，在栽植穴的外缘用细土筑起15～20cm高的土埂，为开堰（树盘）。连片栽植的树木如绿篱、灌木丛、色块等可按片筑堰为作畦。作畦时保证畦内地势水平。浇水堰应拍平、踏实，以防漏水（图2-66）。

图2-66　开堰浇水

3）灌水

树木定植后应立即灌水。定根水应在定植后24小时内浇灌一遍透水，3～5天内浇灌二遍水，7～10天内浇灌三遍水。待三水充分渗透后，用细土封堰保墒。以后视天气情况及不同苗木对水分的需求，分别适时进行开穴补水。珍稀树种、不耐移植苗木、未经提前断根处理、非适宜季节栽植的大规格苗木及散坨苗，可将1000倍液的生根粉随二遍水一同灌入。水量要灌透灌足，在土壤干燥、灌水困难的地方，也可填入一半土时灌足水，然后填满土，保墒。浇水时应防止冲垮水堰，每次浇水渗入后，应将歪斜树苗扶正，并对塌陷处填实土壤。

4）封堰

第三遍水渗入后，可将土堰铲去，将土堆在树干的基部封堰。为减少地表蒸腾、保持土壤湿润和防止土温变化过大，提高树木栽植的成活率，可用稻草、腐叶土或沙土覆盖树盘。

5）成活调查与补植

调查主要是找出树木生长不良或死亡的主要原因，对栽植材料质量差，树叶多，根系不发达，挖掘时严重伤根，假土坑，根量过少，根系不舒展，窝根，栽植过深、过浅或过松，土壤干旱或渍水，根底"吊空"出现气袋，吸水困难等调查之后，总结经验教训，及时采取补救措施，确定补植任务。在栽植初期，发现无法挽救和挽救无效而死亡的植株，立即补植，以弥补时间上的损失。对由于季节、树种习性条件限制，生长季补植没条件的，在适于栽植的季节补植。补植的树木在管理养护方面采取的方法高于一般水平。

2．反季节苗木栽植养护技术措施

1）遮阴缓苗

高温季节栽植叶片较大、较薄，且不易缓苗和长距离运输的苗木，需进行遮阴缓苗。如雪松、水杉、合欢、紫叶短樱、紫叶李、杏树等，定植后应架设遮阳网保护。遮阳网搭设标准要求：

（1）使用遮阳材料不可密度太大，也不可过稀，以70％遮阴度的遮阳网为宜。

（2）搭设高度应距乔木树冠顶部50cm，灌木30cm，色块、绿篱15cm。边网距乔灌木树冠外缘20cm，色块绿篱10cm。乔灌木边网高度以至分枝点为宜。

（3）支撑杆规格统一，遮阳网搭设整体美观。遮阳网支撑设置必须牢固，遮阳网与支撑杆连接平整、牢固。支撑杆不倾斜、倒伏，遮阳网不下垂、不破裂、不脱落。缓苗后适时拆除（图2—67、图2—68）。

图2-67　乔木搭遮阳网（左）

图2-68　灌木搭遮阳网（右）

2）缠干保湿

树皮较薄的乔灌木、反季节栽植未经提前断过根的带冠大乔木、不耐移植苗木，如梧桐、马褂木、木瓜、紫叶李、紫薇、速生法桐等，栽植后树干需缠干保湿。

（1）缠草绳

一般在缠草绳前先将草绳打湿，放置一会，草绳潮湿但没有水时适用。对需要缠草绳的植物缠湿草绳或包扎麻片至主干分枝处（或外层再用塑料薄膜包裹）（图 2-69）。胸径在 25cm 以下的全冠移植苗，草绳可缠至主枝的二级分枝处。花灌木可缠至分枝点以上 20cm，注意经常喷水保湿。

（2）缠薄膜

可用农用薄膜自树干基部向上缠至分枝点（图 2-70）。但距离广场、道路近的不易采用。树冠较小的孤植树，需在 5 月中旬将薄膜撤除，树冠较大或群植的苗木可在缓苗后再撤除。

图 2-69 给树缠草绳和薄膜（左）

图 2-70 给树缠膜高度至分支点（右）

（3）封泥浆

不耐移植苗木如木瓜树等，可在缠草绳或草片裹干后，外面涂抹一层泥浆，待泥浆略干时喷雾保湿。

3）喷抗蒸腾剂

大树移植时保留适当叶片对大树的恢复和成活十分重要，因为叶片光合作用产生的营养物质及生理活性物质对整个大树的生理状况都是十分重要和不可替代的。但保留叶子又会导致移植时的水分代谢不平衡。因此，运用先进的抗蒸腾剂技术，适当地抑制叶片的蒸腾作用就可以保留尽可能多的叶片，甚至用抗蒸腾剂完全代替大树移植时的枝叶修剪，这不但有利于大树的恢复和成活，更重要的是能保留大树原有的树形美姿。

（1）初冬和早春喷施

应对耐寒性稍差的边缘树种，如广玉兰、红枫、桂花、石楠等，喷布一次 500～800 倍液的冬季型抗蒸腾剂，或用 300 倍液抗蒸腾剂涂干，可延长绿色期和提高抗寒能力。

（2）高温季节喷施

对高温季节栽植的大规格苗木，定植后应及时喷施树木抗蒸腾剂（图 2-71），每半月一次、连续 2 次。喷施抗蒸腾剂应避开中午高温时，24 小时后方可喷水。

4）喷水保湿

树体地上部分（特别是叶面）因蒸腾作用而易失水，可以采用喷水方法保湿（图 2-72）。喷水时水量不宜过大，雾化程度要高、要细而均匀，喷及地上各个部位和周围空间，为树体提供湿润的小气候环境。但要注意不能使树穴土壤过湿，防止水大烂根。

图 2-71　给树喷抗蒸腾剂（左）

图 2-72　给树喷水（右）

5）利用人工生长剂

珍稀树种、不耐移植苗木、未经提前断根处理、非适宜季节栽植的大规格苗木及散坨苗，可将生根粉等人工生长剂结合灌水施入土壤，以便促进树木根系生长。

6）吊瓶输送营养液（视频 2.5-2 古树植物输液）

大树吊袋液是专业为大树研发的一种高科技新型药剂，特别添加了植物维生素、活性因子、微量元素、细胞再生因子、活性酶、诱导生根剂等促使树木恢复和生长，提高树木移植成活率（图 2-73、图 2-74）。

视频 2.5-2　古树植物输液

图 2-73　给树打吊袋液（左）

图 2-74　给树打营养液（右）

三、任务评价

具体任务评价见表2-6。

表2-6

评价等级	评价内容及标准
优秀（90~100分）	不需要他人指导，能根据植物具体情况选择合理养护措施，能根据植物表现不正常特征分析问题原因，采取正确措施解决问题
良好（80~89分）	不需要他人指导，能根据植物具体情况选择合理养护措施，能根据植物表现不正常特征分析出部分问题原因，采取正确措施解决问题
中等（70~79分）	在他人指导下，能根据植物具体情况选择合理养护措施，能根据植物表现特征分析出问题原因，想出解决问题措施
及格（60~69分）	在他人指导下，能根据植物具体情况选择合理养护措施，能根据植物表现不正常特征分析出部分问题原因，采取部分措施

任务评价表 (标题行，居中于表格上方)

四、课后思考与练习

（1）工地靠海边比较近，风比较大，栽植的乔木应采取哪些养护措施？

（2）常见新栽苗木养护中减少植物体内水分蒸发的措施有哪些？

（3）常见新栽苗木养护中促使植物根系生长尽快达到水分平衡的措施有哪些？

五、知识与技能链接

1. 新栽苗木栽植垂直度调整

由于栽植方法或土壤问题，有时栽植好的植物再浇一两次水后，会有歪斜的情况发生，凡树干明显歪斜的植株均需进行扶正，操作方法如下：

（1）待大雨或浇水后1~2天，土球不湿或大风过后进行此项工作。

（2）分别在树干倾斜方向，两侧挖沟，深度以见土球底部为宜。

（3）高大乔木应使用粗麻绳，在绳索的一端拴一粗木棍。将拴有木棍一端的绳索套在主干分枝点上的大枝基部，缓缓用力，向偏斜反方向轻轻拉动。待树干或树冠达到垂直时，在偏斜方向穴底填土踏实。松开绳索，检查树干不再偏斜时，边填土，边踏实。土球规格小于60cm的，可用木棍轻轻撬动土球，调整树体垂直度。

但须注意，严禁直接推拉树干调整垂直度。发现在扶正时土球有轻微散坨的，扶正后再浇灌一遍小水。

2. 新栽苗木栽植深度调整

质量达标的苗木，栽植后在灌水到位的情况下，如出现迟迟不能发芽或发芽展叶后逐渐萎蔫、枝条枯萎现象时，有可能是由于栽植过深而造成的。这时候就要对苗木进行检查，检查方法有目测法和扒穴法。目测，如常绿针叶树，分枝点在栽植面以下；嫁接苗木，嫁接口在栽植面以下等。扒穴，用木棍挖去树干下回填土直到露出土球。

造成苗木栽植过深的原因可能有如下几个：

（1）栽植标高测定有误。

（2）栽植时没有考虑新填客土沉降系数，因客土沉降而导致树体下沉。

（3）不管槽穴挖掘的深浅，苗木土球多厚，卸苗前未及时调整栽植穴深度，将苗木直接入穴栽植，这是施工中普遍存在的一种错误的栽植方式。

苗木栽植过深，往往会造成苗木不发新根和导致"闷芽"现象发生。在地下水位较高及黏重土壤中常会因烂根而死亡，因此应及时采取相应措施予以解决。

（1）对枝条新鲜、土球较完整的苗木，需在穴土略干时，将苗木挖出后，土球重新进行包裹、打绳，抬出树穴。抬高栽植面栽植。操作时注意不要损伤土球。

（2）起重机无法操作的地方及土球已部分松散、栽植过深的苗木，可在土球底部挖环状沟，沟内铺设陶粒。紧贴土球垂直埋设透气管，增加土壤通透性。陶粒中间设置排水管，排水管与出水口处保持一定坡度，保证穴底排水通畅。

（3）在微地形上栽植过深，且已无法用机械操作的大规格苗木，可以原栽植面为准，通过调整地形坡度来解决。

3

项目三　草花地被植物种植工程

　　项目背景：工程进度已过大半，乔木种植全部完成，地被植物种植接近尾声，项目经理抽派人手开始组织进行花坛、花境和部分装饰点缀植物的移栽，以及草坪、地被的建植准备。

任务一　花坛、花境栽植工程

学习情境：项目经理派技术员小王负责花草的购买和移栽工程，小王去花卉市场仔细调查一番后，购买了耧斗菜、细叶美女樱、百里香、葱兰、麦冬的花苗，另外，萱草和玉簪等其他花境材料只有根茎繁殖材料，需回来自己种植，也已预定，本周内完成所有的绿化栽植任务。

一、任务内容和要求

花坛栽植的植物通常都是一二年生草本花卉，随着季节要做更替计划，过了花期就要更换。花境通常选择能露地过冬的多年生宿根草本植物和球根类植物进行设计。根据设计图纸，完成一二年生细叶美女樱、多年生宿根花卉耧斗菜、百里香、麦冬和球根葱兰的移栽。

二、任务实施

1. 整地

整地质量与植物生长发育有很大关系。整地深度根据花卉种类及土壤情况而定。一二年生花卉生长期短，根系入土较浅，整地不宜过深，一般控制在 20～30cm。此外，整地深度还要看土壤质地，沙土宜浅，黏土宜深。整地多在秋天进行，也可在播种或移栽前 3～5 天进行。整地应先将土壤翻起，使土块细碎，清除石块、瓦片、残根、断茎和杂草等，以利于种子发芽及根系生长。球根花卉对整地、施肥、松土的要求较宿根花卉高，特别对土壤的疏松度及耕作层的厚度要求较高。因此，栽培球根花卉的土壤应适当深耕（30～40cm，甚至 40～50cm），并通过施用有机肥料、掺入其他基质材料，以改善土壤结构。栽培球根花卉施用的有机肥必须充分腐熟，否则会导致球根腐烂。磷肥对球根的充实及开花极为重要，钾肥需要量中等，氮肥不宜多施。我国一些地区土壤呈酸性，需施入适量的石灰加以中和。

2. 地形准备

根据花卉种植前设计方案的要求进行花坛地形的布置，使用皮尺等工具按照图纸进行放样，再根据图形计算出面积，并计算出每一品种数量。四面观赏的花坛、植床可整理成扁圆丘状；单面观赏的花坛、植床可整成内高外低的一面坡形式，坡度在 5°～10°，以便排水。

3. 栽植

1）一二年生草本花卉栽植

一二年草本露地花卉皆为播种繁殖，其中大部分先在苗床育苗或容器育苗，经分苗和移植，最后再移至盆钵或花坛、花圃内定植。对于不宜移植的花卉，可采用直接播种的方法。花卉栽植密度根据草本植物种类而定，生长速度快的密度应稀一些，生长慢的可以密一些；株型张度大的宜稀，株型紧凑的可以密一些。同时，根据植物栽培的季节进行调整，如夏天盆花生长旺盛可稀植49株/m²，而秋季可密植64株/m²。

栽植的方法可分为沟植、孔植和穴植。沟植是依一定的行距开沟栽植。孔植是依一定的株行距打孔栽植。穴植是依一定的株行距挖穴栽植。如有图形先按照图形边界定植好盆花，开定植孔，孔的深度比盆花的深度略深，脱去花盆，放入盆花。裸根苗栽植时，应使根系舒展，防止根系卷曲。为使根系与土壤充分接触，覆土时用手按压泥土。按压时用力要均匀，不要用力按压茎的基部，以免压伤。带土苗栽植时，在土坨的四周填土并按压。按压时，防止将土坨压碎。栽植深度应与移植前的深度相同。定植时一般不按阵列式布置（图3-1），这种方式不利于保留水土，间隙明显，不美观，一般使用梅花式交叉种植（图3-2）。栽植完毕，用喷壶充分灌水。定植大苗常采用漫灌。第一次充分灌水后，在新根未发之前不要过多灌水，否则易烂根。此外，移植后数日内应遮阴，以利苗木恢复生长。

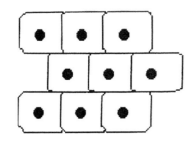 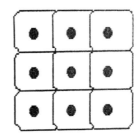

图3-1　梅花式（左）
图3-2　阵列式（右）

栽植完毕后，用可喷雾式水枪进行充分浇水，高温干旱时，需边栽边浇水，同时避免中午高温时间段浇水。冬季浇水应避免晚浇，防冻害。浇水应选用喷洒式，而不能用浇灌式，防止刚种花草被冲死或冲出定植孔。刚定植花草要及时浇水，特别是近3～5天内要保证土壤湿润，等缓苗后可减少浇水次数，及时清除花间杂草和病虫害。因生长过快造成花间过密时要及时清理植株，种植后不能正常生长花草及时更换。

2）多年生宿根草本园林植物的露地栽培（视频3.1-1　多年生宿根草本（鸢尾）露地栽植）

定植前提前调整土壤干湿度，在挖取过程中土球散落的植株，要对根部进行沾浆处理，挖取后可对根部用杀菌剂或杀菌剂和生根剂结合进行伤口处理。麦冬等耐压品种可以用袋装进行运输，楼斗菜等不耐压品种可用箱式运输。

栽植通常为穴孔定植，空穴大小要求植物根系舒展为宜；栽植前对根部病虫枯死根系进行修剪，为减少蒸腾，可适当修剪植株，其他程序同一二年生花草。栽植深度以不淹没植物心叶为宜。定植初期加强灌溉，定植后的其他管理比较简单。为使其生长茂盛、花多、花大，最好在春季新芽抽出时追施肥料，花前和花后再各追肥一次。秋季叶枯时，可在植株四

视频3.1-1　多年生宿根草木（鸢尾）露地栽植

周施腐熟的厩肥或堆肥。由于栽种后生长年限较长，要根据花卉的生长特点，设计合理的密度。

　　3）球根类植物露地栽培

　　球根类植物应选择无病虫害、充实饱满的种球进行种植，特别要注意在运输中有无机械损伤，贮藏中有腐烂的，种植前要适当清理；种球可以在种植前用百菌清800倍液进行30分钟浸泡消毒，消毒后晾干备用。郁金香、风信子等有侧芽的品种要去除侧芽，以利于主球集中养分。

　　球根较大或数量较少时，可进行穴栽；球小而量多时，可开沟栽植。如果需要在栽植穴或沟中施基肥，要适当加大穴或沟的深度，撒入基肥后覆盖一层园土，然后栽植球根。

　　球根栽植的深度因土质、栽植目的及种类不同而有差异。黏质土壤宜浅些，疏松土壤可深些；为繁殖子球或每年都挖出来采收的宜浅，需开花多、花朵大或准备多年采收的可深些。栽植深度一般为球高的2~3倍，但晚香玉及葱兰以覆土到球根顶部为宜，朱顶红需要将球根的1/4~1/3露出土面，百合类中的多数种类要求栽植深度为球高的4倍以上。

　　栽植的株行距依球根种类及植株体量大小而异，如大丽花为60~100cm，风信子、水仙20~30cm，葱兰、番红花等仅为5~8cm。

　　开定植孔或开定植沟，放入种球，填土便可，种完浇透水。一年生球根花卉栽植时土壤湿度不宜过大，湿润即可。种球发根后发芽展叶，正常浇水保持湿润。二年生球根应根据生长季节灵活掌握肥水供给。原则上休眠期不浇水，夏秋季休眠的只有在土壤过分干燥时才浇少量水分，防止球根干缩即可；生长期则应供应充足水分。

三、任务评价

　　具体任务评价见表3-1。

任务评价表　　　　　　　　　　　　　　　　　　　表3-1

评价等级	评价内容及标准
优秀（90~100分）	不需要他人指导，能完成一二年生草本花卉、多年生宿根草本植物和球根类植物的栽植，工作步骤正确、操作规范
良好（80~89分）	不需要他人指导，能完成一二年生草本花卉、多年生宿根草本植物和球根类植物的栽植，工作步骤正确
中等（70~79分）	在他人指导下，能完成一二年生草本花卉、多年生宿根草本植物和球根类植物的栽植，工作步骤正确
及格（60~69分）	在他人指导下，能完成一二年生草本花卉、多年生宿根草本植物和球根类植物的栽植

四、课后思考与练习

　　（1）哪些类型植物适合用作花坛？哪些类型植物适合用作花境？

　　（2）草本花卉栽培的技术要点有哪些？

(3) 草本花卉栽培的密度如何确定？

(4) 宿根花卉和球根花卉在栽培技术上有何异同？

五、知识与技能链接

1）草本园林植物按生物学特性和生长习性分类

一年生草本园林植物，在一年内完成其生命周期，即从播种、开花、结实到枯死均在一年内完成。一年生园林植物多数种类不耐寒，一般在春季无霜冻后播种，于夏秋开花结实后死亡。如百日草、鸡冠花、千日红。

二年生草本园林植物，在两年内完成其生命周期，当年只进行营养生长，到第二年春夏才开花结实。其实际生活时间常不足一年，但跨越两个年头，故称为二年生植物。这类植物具一定耐寒力，但不耐高温。如金盏菊、石竹、紫罗兰、瓜叶菊、飞燕草、虞美人等。

多年生草本花卉寿命超过两年以上，一次种植可多年开花结实。宿根花卉的地下部分形态正常，不发生变态，根宿存于土壤中，冬季可露地越冬。地上部分冬季枯萎，第二年春萌发新芽，亦有植株整株安全越冬的。宿根花卉生长健壮，根系比一二年生花卉强大，入土较深，抗旱及适应不良环境的能力强。

2）花坛、花境植物材料的选择

花坛植物材料应选用花期一致、花朵显露、株高整齐、叶色和叶形协调，容易配置的品种，由一二年生或多年生草本、球宿根花卉及低矮色叶花灌木组成。配置上应具有季相变化，并突出重点景观。花坛花卉还必须选择其生物学特性符合当地立地条件的品种。

花境是模拟自然界中林地边缘地带多种野生花卉交错生长的自然景观状态，运用艺术手法提炼、设计成的一种花卉应用形式。花境可设计在公园、风景区、街心绿地、家庭花园及林荫路旁。花境没有规范的形式，多以管理简便的宿根花卉为主要材料，间有一些灌木、耐寒的球根花卉，或少量的一二年生花草，一次种植后可多年使用，四季有景。花境注重欣赏植物个体的自然美及植物自然组合的群体美，其基本构图单位是一组花丛，每组花丛通常由5～10种花卉组成，有的多达35种花卉组成花境，花丛内应由主花材形成基调，次花材作为补充，由各种花卉共同形成季相景观。花境的季相设计多为2～3季，一般同种花卉集中栽植，平面上看是各种花卉的块状混植，立面上看高低错落。因此，在选材上必须考虑物种多样化才能使不同季节花开花落，立面观赏层次丰富。依植物选材可分为宿根花卉花境、混合式花境、专类花卉花境。

任务二　滨水植物种植工程

学习情境：场地中有个小水池，水池里设计种植睡莲，采购员将买回来的睡莲交给施工员，施工员不知如何下手。

一、任务内容和要求

对于混凝土水池中的水生植物栽植，应该放在栽植容器中进行栽植，之后再放入水池中。

二、任务实施

1. 栽植场地的确定

湖、塘、水田、缸、盆（碗）都可用来栽植水生花卉。要求光照充足，水位不能超过每个水生植物的原有生态环境要求，挺水植物的最深水位不超过1.5m，水底土质肥沃，有20cm的淤泥层，水位稳定、水流畅通而缓慢。如果人工造园，修挖湖、塘（水生花卉区或水生植物观光旅游景点），也应遵循水生植物的生物学规律，在没有特殊的要求时，应对每个品种修筑单一的水下定植池。

根据水生植物喜光、怕风的习性，栽种的场地，要求地势平坦，背风向阳。缸、盆的选择应随种类的不同而定，一般缸高65cm，直径65～100cm；栽种时容器之间的距离应随种类的生态习性而定，一般株距20～100cm，行距150～200cm。

2. 土壤的准备

水生花卉所用土壤是一个极为重要的条件。土壤的作用是固定植株，使水生花卉有所依附，供给水分、养分、空气。栽培水生花卉总的来说，要求疏松肥沃、保水力强、透气性好的土壤。栽植水生花卉的池塘最好是池底有丰富的腐草烂叶沉积，并为黏质土壤。在新挖掘的池塘栽植时，必须先施入大量的肥料，如堆肥、厩肥等。盆栽用土应以塘泥等富含腐殖质土为宜。

3. 水质的准备

沉水观赏植物在水下生长发育，需要相对的光照，否则就不能完成整个生育过程。要求水无污染物，清澈见底，pH值5～7。但也有青海湖等盐水湖观赏植物的生长环境，pH值在9左右。喜光、阴生观赏植物对水质的要求不十分严格，pH值5～7.5之间都能完成整个生育过程。而像凤眼莲等还是抗污染吸收重金属元素的治污植物。

4. 植株的选择

湖、池塘栽植时，应根据不同水位选择不同类型和品种水生植物，应把握的准则即"栽种后的平均水深不能淹没植株的第一分枝或心叶"和"一片心叶或一个新梢的出水时间不能超过4天"，这里说的出水时间是新叶或新梢从显芽到叶片完全长出水面的时间，尤其是在透明度低、水质较肥的环境里更应该注意。

缸、盆与栽植时，首先确定所栽植的水生植物类型，挺水的、浮水的、浮叶的、沉水的，不同的植物栽培方法不同，所需要的器材也不同。栽培水生花卉，应根据不同植物的需要，选择适宜的容器。

图 3-3 水生植物栽插
    法（左）
图 3-4 荷花盆栽（右）

5．水生植物栽植

水生植物栽植方法有栽插法（图 3-3）、抛入法等，根据植物种类和立地条件选择栽植方法，如水葱用抛入法即可。荷花在种藕时要一手护芽头一手握藕茎，将种藕顶芽斜送入土内 10cm。浮叶植物应按设计将新植株或植株上的幼芽，直接投入在漂浮或浮框所圈定的水域范围内。

除地栽（池、塘栽）的水生花卉（如鲜切花生产、旅游观光景点布置等）外，均实行盆、缸栽（图 3-4）。栽植的顺序为：在缸、盆中加人 1/2 或 1/3 深度的泥土，加水施肥搅拌后将种苗栽种在中央，再加适量的水（5～10cm），使植株正常地生长发育，并进行常规管理。用盆、缸栽水生花卉，一是因植株长大需要翻栽；二是水生观赏植物大都属一年生水生草本，每年都有必要进行翻缸、翻盆，更换培养土和切取多余的地下块茎及根系，将植物进行重新栽种、翻种。缸、盆的大小应与植物体型大小相适应，过大过小都会给养护管理带来诸多的不便。翻种前要减少水量，便于倒置。倒置前植物都必须先挖出，否则会损伤植株的芽，影响其成活率。但莲（荷花）翻种方法例外。

6．栽培管理

（1）除草。由于水生花卉在幼苗期生长较慢，所以不论是露地、缸盆栽种，都要进行除草。从栽植到植株生长过程中，必须时时除草(特别是水绵的危害)。

（2）追肥。一般在植物的生长发育中后期进行。可用浸泡腐熟后的人粪、鸡粪、饼类肥，一般需要 2～3 次。追肥的方法是：露地栽培可直接施入缸、盆中，这样吸收快。因此，在施追肥时，应用可分解的纸做袋装肥施入泥中。

（3）水位调节。水生花卉在不同的生长季节（时期）所需的水量也有所不同，调节水位（深），应掌握由浅入深、再由深到浅的原则。分栽时，保持 5～10cm 的水位，随着立叶或浮叶的生长，水位可根据植物的需要量提高（一般在 30～80cm）。如荷花到结藕时，又要将水位放浅到 5cm 左右，提高泥温和昼夜温差，提高种苗的繁殖数量。

（4）防风防冻。水生植物的木质化程度差，纤维素含量少，抗风能力差，栽植时，应选择东南方向有防护林的地方为宜。耐寒的水生花卉直接栽在深浅合适的水边和池中，冬季不需保护。休眠期间对水的深浅要求不严。半耐寒的水生花卉栽在池中时，应在初冬结冰前提高水位，使根丛位于冰冻层以下，即可安全越冬。少量栽植时，也可掘起贮藏。或春季用缸栽植，沉入池中，秋末连缸取出，倒除积水。冬天保持缸中土壤不干，放在没有冰冻的地方即可。不耐寒的种类通常都盆栽，沉到池中，也可直接栽到池中，秋冬掘出贮藏。水生植物在北方种植，冬天要进入室内或灌深水（100cm）防冻。在长江流域一带，正常年份可以在露地越冬。为了确保安全、以防万一，可将缸、盆埋于土里或在缸、盆的周围奎土、包草、覆盖草防冻。

三、任务评价

具体任务评价见表3-2。

任务评价表   表3-2

评价等级	评价内容及标准
优秀（90～100分）	不需要他人指导，选择合适容器，种植水生植物，栽植深度合理，操作规范，容器位置布置美观好看
良好（80～89分）	不需要他人指导，选择合适容器，种植水生植物，栽植深度合理，操作规范
中等（70～79分）	在他人指导下，选择合适容器，种植水生植物，栽植深度合理，操作规范
及格（60～69分）	在他人指导下，选择合适容器，种植水生植物

四、课后思考与练习

（1）简述水生植物栽植的方式有哪几种？

（2）常用的水生植物有哪几类？请各举出5种水生植物。

五、知识与技能链接

水生花卉是指终年生长在水中或沼泽地中的草本园林观赏植物。水生植物按生活方式分为：

（1）挺水花卉，根生长于泥土中，茎叶挺出水面之上。一般栽培在80cm水深以下。如荷花、千屈菜、水生鸢尾、香蒲等。

（2）浮水花卉，根生长于泥土中，叶片漂浮于水面上。一般栽培在80cm水深以下。如睡莲、王莲、芡实等。

（3）漂浮花卉，根生长于水中，植株体漂浮在水面上，可随水漂移。如凤眼莲、浮萍等。

（4）沉水花卉，根生长于泥土中，茎叶沉于水中。可净化水质或布置水下景色。如玻璃藻、莼菜、眼子菜等。

园林中常用的水生花卉为挺水花卉和浮水花卉，少量使用漂浮花卉，沉水花卉没有特殊要求，一般不栽植。

水生植物生态习性。水生花卉耐旱性弱，生长期间要求有大量水分（或有饱和水的土壤）和空气。它们的根、茎和叶内有通气组织的气腔与外界互相通气，吸收氧气以供应根系需要。绝大多数水生花卉喜欢光照充足，通风良好的环境。也有耐半阴条件的，如菖蒲、石菖蒲等。对温度的要求因其原产地不同而不同。较耐寒的种类可在北方自然生长，以种子、球茎等形式越冬。如荷花、千屈菜、慈姑等。原产热带的水生花卉如王莲等应在温室内栽培。水中的含氧量影响水生花卉的生长发育。大多数高等水生植物主要分布在 1～2m 深的水中。挺水和浮水类型常以水深 60～100cm 为限；近沼生类型只需 20～30cm 深浅水即可。流动的水利于花卉生长。栽培水生花卉的塘泥应含丰富的有机质。

水生植物繁殖技术。水生园林植物多采用分生繁殖，有时也采用播种繁殖。分栽一般在春季进行，适应性强的种类，初夏亦可分栽。水生园林植物种子成熟后应立即播种，或贮在水中，因为它们的种子干燥后极易丧失发芽能力。荷花、香蒲和水生鸢尾等少数种类也可干藏。

任务三　园林植物营养繁殖

学习情境：由于甲方业主的女主人对庭院中的月季花品种有很高的要求，市场现有成品花卉很难满足，经双方商定，项目经理决定让小王带几个人配合女主人用扦插的方式完成月季的栽种任务。另外，预定好的萱草、玉簪繁殖材料已经到货，安排人员今天种植完成。

一、任务内容和要求

完成项目中不同月季品种的扦插繁殖，掌握常见硬枝扦插技术和嫩枝扦插技术；分析萱草、玉簪营养繁殖方式，完成其他花卉的种植工程。

二、任务实施

1. 扦插前的准备

（1）插穗的采集。

生长季节的嫩枝扦插，一般在生长旺期剪取木质化程度较低的幼嫩枝条作插穗，生产上常在母株抽梢前，将旺枝顶端短截，促发侧枝作为插穗；半嫩枝扦插原则上应在母株两次旺盛生长的间歇期采集，即春梢停止生长，夏梢未生长时或夏秋梢生长间期；硬枝扦插应在秋季落叶以后至萌芽前采集充分木质化的枝条作插穗。采集插穗应自生长健壮、没有病虫害、具有优良性状、发育阶段较年轻的幼龄植株上采集，从其树冠外围中下部（最好是主干或根茎处的萌条）采集 1 年生至 2 年生、芽体饱满的枝条作插穗。生长季节采集的插穗要注意保持其水分，防止失水萎蔫，要带有足够的叶片。

（2）插穗的剪制（图 3-5）

插穗长度既影响扦插成活，也影响扦插繁殖系数。决定插穗长度的主要因素是，插穗要含有一定量的养分；插后深浅适宜；扦插方便并节省扦插材料。至少应保证插穗上有 2～3 个发育充实的芽。

插穗剪口位置不同，影响插穗的生根和体内水分平衡。

通常情况下，上剪口应位于芽上1cm左右（最低不能低于0.5cm），如果过高，上芽所处位置较低，没有顶端优势，不利愈合，易造成死桩；如果过低，上部易干枯，会导致上芽死亡，不利发芽。下剪口的位置，在芽的基部、萌芽环节处、带部分老枝等部位，营养物质积累较多，均有利于生根成活，以近节部约1cm最佳。

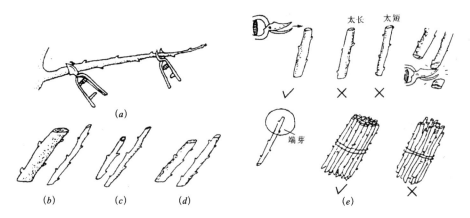

图3-5　插穗剪制示意图
(a) 枝条中下部分作插穗最好；
(b) 粗枝稍短，细梢稍长；
(c) 易生根植物稍短；
(d) 黏土地稍短，沙土地稍长；
(e) 保护好上端芽

插穗的剪口形状与生根及保持插穗本身水分平衡有重要关系。根据生产经验，上剪口为平面，伤口面积小，能有效保持水分平衡，减少水分蒸发；下剪口为平面，伤口小，可以减少切口腐烂且愈合速度快，生根均匀，如易生根的植物和嫩枝扦插的插穗多采用这种下剪口形状；下剪口也可以是斜面（单斜面或双斜面），由于切口与基质接触面积大，利于吸收水分和养分，但根系易集中于切面先端，形成偏根，如大多数难生根植物的扦插育苗，插穗下剪口多用斜面（图3-6）。插穗剪制时要特别注意，剪口要平滑，防止撕裂；保持好芽，尤其是上芽。

（3）插穗贮藏。

插穗剪制后，要将其按直径粗细分级。分级的目的是育苗时，同一级别的插穗插在一起，有利于苗木生长整齐，不会造成苗木生长强弱参差不齐的情

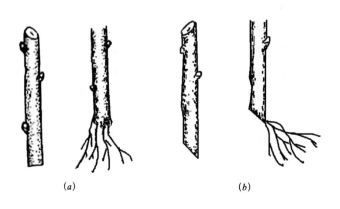

图3-6　剪口形状与生根示意图
(a) 下剪口平剪；
(b) 下剪口斜剪

况。插穗分级后，每50根或100根捆扎成一捆，并使插穗的方向保持一致，下剪口一定要对齐，以利于以后的贮藏、催根以及扦插。对秋冬季节采集的需在春季扦插的插穗，应进行贮藏。

贮藏采用沟藏法。选择地势高燥、背风阴凉处开沟，沟深50～100cm，长依地形和插穗多少而定。沟底先铺10cm左右的湿沙，再将成捆的插穗，小头（生物学上端）向上，竖立排放于沟内，排放要整齐、紧密，防止倒伏，隔沙单层放置。然后用干沙填充插穗之间的间隙，喷水，保证每一根插穗周围都有湿润的河沙。如果插穗较多，每隔1～1.5m竖一束草把，以利通气。最后用湿沙封沟，与地面平口时，上面覆土20cm，拢成馒头状（图3-7）。贮藏期间要经常检查，并调节沟内温度、湿度。贮藏时间应在土壤冻结前进行，翌春扦插前取出插穗。

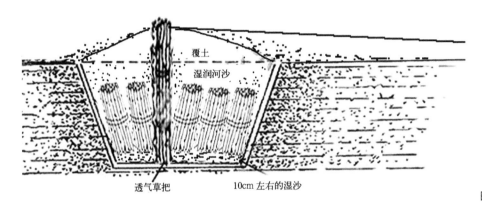

图3-7 沟藏法贮藏

2. 扦插

1) 硬枝扦插（视频3.3-1 硬枝扦插1（柳枝和迎春）、视频3.3-2 硬枝扦插2（柳枝和迎春））

硬枝扦插是指利用充分木质化的插穗进行扦插的育苗方法，此法技术简便、成活率高、适用范围广。硬质扦插春、秋两季均可，一般以春季扦插为主，扦插宜早，掌握在萌芽前进行，北方地区可在土壤化冻后及时进行。对于插穗生根比较困难的植物，可在沙床或温床上密集扦插，以便于精心管理，插穗生根后移栽到大田苗床或容器里；对于插穗生根容易的植物，直接插到大田苗床或容器里。在苗床上扦插，一般株距为20～30cm，行距为30～60cm。

扦插可以用直插（图3-8），也可以用斜插（图3-9）。短插穗、生根较易、土壤疏松的应直插；长插穗、生根困难、干旱土壤可斜插或直插，斜插的倾斜角度不超过60°。一般插入的深度为插穗的1/2～2/3，插后要用手将周围的扦插基质压实。如果扦插过深，插穗下剪口部位通气不良，易导致其腐烂，使下切口生根较少，甚至死亡；另外，插穗过长、扦插过深，则会移植困难。扦插技术应根据扦插植物生根的难易、插穗的长度以及土壤的性质决定。硬枝扦插常用的方法，适合扦插容易生根的植物类型：

（1）直接插入法。在土壤疏松、插穗已催根处理的情况下，可以直接将插穗插入苗床。

视频3.3-1 硬枝扦插1（柳枝和迎春）

视频3.3-2 硬枝扦插2（柳枝和迎春）

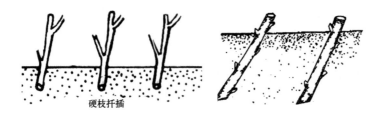

硬枝扦插

图 3-8　硬枝扦插——
　　　　直插（左）
图 3-9　硬枝扦插——
　　　　斜插（右）

（2）开缝或锥孔插入法。在土壤黏重或插穗已经产生愈伤组织，或已经长出不定根时，要先用钢锹开缝或用木棒开孔，然后插入插穗。

（3）开沟浅插封垄法。适用于较细或已生根的插穗。先在苗床上按行距开沟，沟深 10cm，宽 15cm，然后在沟内浅插、填平踏实，最后封土成垄。

2）嫩枝扦插（视频 3.3-3 柠檬女贞嫩枝扦插、视频 3.3-4 景天科植物扦插教师讲解）

嫩枝扦插是在生长期中应用半木质化或未木质化的插穗进行扦插育苗的方法。应用于硬枝扦插不易成活的植物、常绿植物、草本植物和一些半常绿的木本观花植物。嫩枝扦插一般在生长季节应用，只要当年生新茎（或枝）长到一定程度即可进行。原则是新茎（或枝）的木质化程度不能过高。如果时间过早，当年生长量较小，可以利用的茎（枝）量又太少，会造成消耗过大但实际繁殖量却不高的结果。

视频 3.3-3　柠檬女贞
嫩枝扦插

嫩枝扦插，一般采用随采、随剪、随插的方法。由于扦插时气温较高，蒸发量大。因此，采集插穗应在阴天无风、清晨有露水或 16 点 30 分以后光照不很强烈的时间进行。草本植物的插穗应选择枝梢部分，硬度适中的茎条。若茎过于柔嫩，易腐烂；过老则生根缓慢。如菊花、香石竹、一串红、彩叶草等。木本园林植物应选择发育充实的半木质化枝条，顶端过嫩扦插时不易成活，应剪去不用，然后视其长短剪制成若干个插穗。

视频 3.3-4　景天科植
物扦插教师讲解

采集的嫩枝应在阴凉处迅速剪制插穗。穗长一般应该有 2～4 个芽，长度在 5～20cm 为宜。叶片较小时保留顶端 2～4 片叶，叶片较大时应留 1～2 片半叶，其余的叶片应摘去。如果叶面积过大时，由于蒸发量过大而使其凋萎，反不利于成活，可剪去叶片的 2/3 左右（图 3-10）。在采集、制穗期间，注意用湿润物覆盖嫩枝，以免失水萎蔫。采制嫩枝插穗后，一般要用能促进生根的激素类进行生根处理，但要注意浓度不可过高。

嫩枝扦插通常采用低床，用湿插法进行，即先将苗床或基质浇透水，让其吸足水分，然后再扦插。这种方法可以防止插穗下端幼嫩组织损伤，有利于保持插穗水分平衡和使其与基质紧密结合。扦插密度以插后叶面互不拥挤重叠为原则，株行距一般为 5～10cm，采用正方形布点。根据插穗大小、生长快慢、育苗时间长短等来调节。

扦插深度一般为插穗长度的 1/3～1/2。因枝条柔嫩，扦插基质要求疏松、精细整理，最好以蛭石、河沙、珍珠岩等材料为主。（图 3-11）。

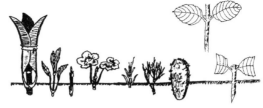

　　为了防止嫩枝萎蔫，插后注意通风、遮阴、保持较高的空气相对湿度，以利生根成活（图 3-12）。

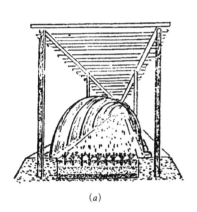

（a）

（b）

（c）

图 3-12　嫩枝插法
（a）塑料棚扦插；
（b）大盆密插；
（c）暗瓶水插

　　蔓生植物枝条长，在扦插中可以将插穗平放或略弯成船底形进行扦插。仙人掌与多肉多浆植物，剪取后应放在通风处晾干数日再扦插，否则易引起腐烂。

　　3.扦插后的管理

　　扦插后，为提高扦插成活率，应保持基质和空气中有较高的湿度（嫩枝扦插要求空气湿度更重要），以调节插穗体内的水分平衡；保持基质中良好的通气效果。因此无论哪种扦插环境，最初保证成活的管理措施是围绕这两个条件进行。

　　农田扦插的植物多具备易生根、插穗营养物质充足这两个条件，多为硬枝扦插或根插，气候变化符合扦插成活要求。通常在扦插后立即灌足第一次水，使插穗与土壤紧密接触，做好保墒与松土。未生根之前地上部展叶，应摘去部分叶片，减少养分消耗，保证生根的营养供给。为促进生根，可以采取地膜覆盖、灌水、遮阴、喷雾、覆土等措施保持基质和空气的湿度。嫩枝扦插和叶插由于插穗幼嫩，失水快，应加强管理。嫩枝露地扦插用塑料棚保湿时，可减少浇水次数，每周 1～2 次即可，但要注意棚内的温度和湿度；要搭阴棚遮阴降温。最好采取喷雾装置，保持叶片水分处于饱和状态，使插穗处于最适宜的水分条件下。

三、任务评价

　　具体任务评价见表 3-3。

表3-3

任务评价表　　　　　　　　　　　　　　　　表3-3

评价等级	评价内容及标准
优秀（90~100分）	能独立完成月季扦插任务、操作规范、成活率高
良好（80~89分）	能独立完成月季扦插任务、操作较规范、成活率一般
中等（70~79分）	在他人指导下，完成月季扦插任务、操作较规范、成活率60%
及格（60~69分）	在他人指导下，完成扦插任务、成活率低于60%

四、课后思考与练习

(1) 硬枝扦插，插穗剪制要点有哪些？

(2) 硬枝扦插常用方法有哪些？

(3) 扦插后管理要注意什么？

五、知识与技能链接

1）扦插的基本类型

扦插是用植物部分根、茎、叶，插在排水良好的壤土、沙土或其他基质中，长出不定根和不定芽，从而长成完整的植株。扦插具有生长快、开花早、繁殖数量大、节省大量嫁接人工、矮化以及保持木本优良性状等特点，但也存在扦插苗根系浅、寿命短等缺点。扦插主要分为枝插、根插、叶插。枝插又根据插穗性质分为硬枝扦插（休眠期扦插）和嫩枝扦插（生长期扦插）；根据生根类型，枝插又分为愈伤组织生根型（大部分树种）、皮部生根型、皮部愈伤组织兼有型。

2）扦插繁殖的原理

扦插繁殖的生理基础是植物的再生作用，植物细胞全能性，一般节间上下0.5cm处，根原基分布最多。根据枝插时不定根生成的部位，将植物插穗生根类型分为皮部生根型、潜伏不定根原始体生根型、侧芽（或潜伏芽）基部分生组织生根型及愈伤组织生根型四种。

(1) 皮部生根型。这是一种易生根的类型。植物生长形成大量的薄壁细胞群，多位于髓射线与形成层的交叉点上，这些薄壁细胞群称为根原始体，其外端通向皮孔。当枝条的根原始体形成后，剪制插穗。在适宜的环境条件下，经过很短的时间，就能从皮孔中萌发出不定根，因为皮部生根迅速，在剪制插穗前其根原始体已经形成，故扦插成活容易。如杨、柳、紫穗槐及油橄榄中一部分即属于这种生根类型。

(2) 愈伤组织生根型。任何植物在局部受伤时，受伤部位都有产生保护伤口免受外界不良环境影响、吸收水分养分，继续分生形成愈伤组织的能力。愈伤组织及其附近的活细胞（以形成层、韧皮部、髓射线、髓等部位及邻近的活细胞为主且最为活跃）在生根过程中，由于激素的刺激非常活跃，从生长点或形成层中分化产生出大量的根原始体，最终形成不定根。

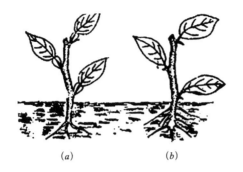

图 3—13　插穗的生根
位置
(a) 酸橙，愈伤组织生根；
(b) 佛手，皮部生根

　　嫩枝扦插的插穗，在扦插前插穗本身还没有形成根原始体，当嫩枝剪取后，剪口处的细胞破裂，流出的细胞液与空气氧化，在伤口外形成一层很薄的保护膜，再由保护膜内新生细胞形成愈伤组织，并进一步分化形成输导组织和形成层，逐渐分化出生长点并形成根系（图 3—13）。

　　3）影响插穗生根的因素

　　(1)插穗本身的特点。影响插穗生根的内在因素主要有：植物的遗传特性、母树及枝条的年龄、枝条着生的位置及生长发育情况、插穗的长度及留叶面积等。

　　(2)外界环境条件。影响插穗生根的外界环境条件主要是温度、水分、光照、空气和扦插基质等。各种条件之间既相互影响，又相互制约。为了保证扦插成活，需要合理协调各种环境条件，满足插穗生根及发芽的要求，培养优质壮苗。

　　4）促进插穗生根的措施

　　插穗剪制后或扦插前，常常采用温水浸泡、植物激素处理等方法促进其生根，提高育苗成活率。

　　(1) 植物激素处理。插穗生根处理的植物激素常用的有 ABT 生根粉、萘乙酸、吲哚乙酸、2，4—D、吲哚丁酸、维生素 B2 等。

　　(2) 温水浸泡。用温水（30 ～ 35℃）浸泡插穗基部数小时或更长时间，可除去部分抑制生根的物质，促进生根。如用温水浸泡松类、单宁含量高的插穗，能除去部分松脂和其他抑制生根物质，促进生根，效果明显。如云杉浸泡 2h，生根率可达 75% 左右。

　　(3) 化学药剂处理。用化学药剂处理插穗，能显著增强其新陈代谢作用，促进插穗生根。常用的化学药剂有酒精、高锰酸钾、蔗糖、醋酸、二氧化锰、硫酸镁、磷酸等。如用 1% ～ 3% 酒精或者用 1% 酒精和 1% 的乙醚混合液，浸泡时间 6h，能有效地除去杜鹃类插穗中的抑制物质，大大提高生根率。如用 0.05% ～ 0.1% 的高锰酸钾溶液浸泡硬枝 12h，不但能促进插穗生根，还能抑制细菌的发育，起消毒作用。水杉、龙柏、雪松等插穗用 5% ～ 10% 的蔗糖溶液浸泡 12 ～ 24h，可直接补充插穗的营养，有效地促进生根。

　　总之，在扦插前应该对插穗进行适当处理，来提高插穗内生根促进物质的含量和营养物质的浓度、减少生根抑制物质的含量、增加水分含量，使插穗更易成活。

任务四　园林植物播种施工

学习情境：庭院设计图中西南角全部选用的三叶草做地被与草坪链接，丰富地被层次和变化，三叶草较易发芽，小王决定直接用种子种植，整个绿化种植工程进入了收尾阶段。

一、任务内容和要求

完成三叶草种植工程，包括播种前准备、播种和播种后的管理，保证出芽率和景观效果。

二、任务实施

1. 播种前的准备

播种繁殖的关键是要提供适宜的环境条件，使种子萌发、生长，遵循气候变化，结合季节和种子本身的生物学特性，适时播种。

1）整地和土壤消毒

整地可以有效地改善土壤中水、肥、气、热的关系，消灭杂草和病虫害，同时结合施肥，为种子的萌发和根系生长提供良好的环境。整地的方法：清理圃地→耕翻土壤→耙地→镇压。播种前进行耕地，当土壤的含水量为饱和含水量 50% ～ 60%（即手抓土成团，距地面 1m 高时自然落地土团摔碎）时最适耕地。播种苗区一般在 20 ～ 25cm，耕地过浅，不利于苗木根系生长及土壤改良；耕地过深，易破坏土壤结构，也不利于起苗。白三叶种子细小，播前需精细整地，细致平坦，地表 10cm 深度内不应有较大的土块，翻耕后施入有机肥或磷肥。种子越小，整地越细。其次要做到上松下实，上层土壤疏松，利于种子发芽，减少下层水分蒸发；下实可使地下水向上输送，满足种子萌发所需的水分。

苗圃地的土壤消毒是一项重要工作。生产上常用药物处理和高温处理消毒。药物处理常用药物有福尔马林、硫酸亚铁、必速灭、辛硫磷等。

2）种子准备

种子准备的目的是科学估算播种量，促进种子发芽迅速、整齐，不同园林植物种子有不同的处理方法。

(1) 播种量。播种前首先应确定播种量。播种量影响株距密度，对直播影响更大。如果植株密度太小，产量减少；密度过大，或间苗造成浪费，或降低植株大小和质量。播种量的计算公式为：

$$X = C \times \frac{A \times W}{P \times G \times 1000^2} \tag{3-1}$$

式中　X——单位面积（或单位长度）实际所需播种量（kg）；

　　　A——单位面积（或单位长度）的产苗量；

　　　W——千粒重种子的重量；

　　　P——种子净度；

G——种子发芽势；

1000^2——常数；

C——损耗系数。

确定播种量时，力求用最少的种子，生产出最多的苗木。以上公式计算的是最低限度的播种数量，还应把苗床预期的损失计算在内。在实际生产中播种量应考虑土壤质地板结、气候冷暖、雨量多少、病虫灾害、种子大小、直播或育苗、播种方式、耕作水平、种子价格等情况，比计算出的播种量要高。目前，国内外采用设施容器育苗，环境条件及管理措施都比较有利于种子萌芽与幼苗生长，很多已实现工厂化生产，可以大大节省种子。

（2）种子消毒。在种子催芽或播种前应对种子进行消毒，预防苗木病害，是播种育苗中重要的工作之一。生产上常用的消毒方法是采用化学药剂进行消毒。

（3）催芽。催芽就是用人为的方法打破休眠。可提高种子的发芽率，减少播种量，且出苗整齐，便于管理。催芽的方法根据种子的特性及具体条件来定，多数园林植物种子用水浸泡后会吸水膨胀，种皮变软，打破休眠，提早发芽，缩短发芽时间。浸种时，首先应根据种子特点确定水温，然后将 5 ～ 10 倍于种子体积的温水或热水倒在盛种容器中，不断搅拌，使种子均匀受热，自然冷却。对于某些园林花卉的种子，也可不进行处理，直接进行播种。

2. 播种

1）播种时期

适时播种是培育壮苗的重要措施之一。播种时期适宜，可使种子顺利发芽并获得相对较长的生长季节，苗木生产健壮，抗逆性强。在自然气候条件下播种，受温度的影响最大。我国南方，由于气候四季温暖湿润，全年均可播种；北方地区，由于冬季寒冷干燥，播种时期受到一定限制，春季是主要的播种季节，适合大多数树种。在不同地区，播种时间是不同的，比如白三叶在江苏省 2 ～ 9 月都是最佳的种植时间，广东全年皆可播种，甘肃每年 4 ～ 8 月最好。

2）播种方式

播种方式大体可分为田间播种、容器播种和设施播种（其又可分为设施苗床播种和设施容器播种）三种，田间播种是将种子直接播于露地床（畦、垄）上，适合绝大多数园林树木种子或大规模粗放栽培。

（1）播种方法。生产中，根据种粒的大小不同，采用不同的播种方法。

① 撒播。撒播就是将种子均匀地播撒在苗床上（图 3-14）。撒播主要用于小粒种子，如杨、柳、桑、泡桐、悬铃木等的播种。撒播播种速度快，产苗量高，土地充分利用，但幼苗分布不均匀，通风透光条件差，抚育管理不方便。

② 条播。条播是按一定株行距开沟，然后将种子均匀地播撒在沟内（图 3-15）。条播主要用于中小粒种，如紫荆、合欢、国槐、五角枫、刺槐等的播种。当前生产上多采用宽幅条播，条播幅宽 10 ～ 15cm，行距 10 ～ 25cm。条播播种行一般采用南北方向，以利光照均匀。条播用种少，幼苗通风透光条件好，生长健壮，管理方便，利于起苗，可机械化作业，生产上广泛应用（视频 3.4-1 播种繁殖）。

视频 3.4-1 播种繁殖

图 3-14　撒播（左上）
图 3-15　条播（右上）
图 3-16　大 田 点 播
　　　　（左下）
图 3-17　种植钵点播
　　　　（右下）

③点播。点播是按一定株行距挖穴播种或按一定行距开沟，再按一定株距播种的方法（图 3-16、图 3-17）。一般行距为 30cm 以上，株距为 10 ~ 15cm以上。点播主要适用于大粒种子或种球，如板栗、核桃、银杏、香雪兰、唐菖蒲等的播种。点播时要使种子侧放，尖端与地面平行。点播用种量少，株行距大，通风透光好，便于管理。

（2）播种工序

①播种。播种前将种子按亩或按床的用量进行等量分开，用手工或播种机进行播种。撒播时，为使播种均匀，可分数次播种，要近地面操作，以免种子被风吹走；若种粒很小，可提前用细砂或细土与种子混合后再播。条播或点播时，要先在苗床上拉线开沟或划行，开沟的深度根据土壤性质和种子大小而定，开沟后应立即播种，以免风吹日晒土壤干燥。

②覆土。播种后应立即覆土。覆土厚度需视种粒大小、土质、气候而定，一般覆土深度为种子横径的 1 ~ 3 倍。极小粒种子覆土厚度以不见种子为度，小粒种子厚度为 0.5 ~ 1cm，中粒种子 1 ~ 3cm，大粒种子 3 ~ 5cm。黏质土壤保水性好，宜浅播；砂质土壤保水性差，宜深播。潮湿多雨季节宜浅播，干旱季节宜深播。一般苗圃地土壤较疏松的可用床土覆盖，覆土均匀。

③镇压。播种覆土后应及时镇压（图 3-18），将床面压实，使种子与土壤紧密结合，便于种子从土壤中吸收水分而发芽。一般用平板压紧，也可用木质滚筒滚压。

④覆盖。镇压后，用草帘、薄膜等覆盖在床面上（图 3-19），以提高地温，保持土壤水分，促使种子发芽。覆盖要注意厚度，使土面似见非见即可。并在幼苗大部分出土后及时分批撤除。一些幼苗，撤除覆盖后应及时遮阳。

图 3-18 镇压苗床(左)
图 3-19 薄膜覆盖(右)

3. 播种后的管理

1) 出苗前的管理

(1) 撤出覆盖物。田间播种及育苗钵或育苗块播种，在种子发芽时，应及时稀疏覆盖物，出苗较多时，将覆盖物移至行间，苗木出齐时，撤出覆盖物。若用塑料薄膜覆盖，当土壤温度达到 28℃时，要掀开薄膜通风，幼苗出土后撤出。温室内加盖薄膜保湿的，早晚也要掀开几分钟以利通风透气。

(2) 喷水。一般播种前应灌足底水。在不影响种子发芽的情况下，播种后应尽量不灌水。以防降低土温和造成土壤板结。出苗前，如苗床干燥也应适当补水。

(3) 松土除草。田间播种，幼苗未出土时，如因灌溉使土壤板结，应及时松土；秋冬播种早春土壤刚化冻时应进行松土。松土不宜过深。结合松土除去杂草。

2) 苗期管理

(1) 遮阴。遮阴是为了防止日光灼伤幼苗和减少土壤水分蒸发而采取的一项降温、保湿措施。幼苗刚出土，组织幼嫩，抵抗力弱，难以适应高温、炎热、干旱等不良环境条件，需要进行遮阴保护。遮阴一般在撤除覆盖物后进行，常搭成一个高约 0.4 ~ 1.0m 平顶或向南北倾斜的荫棚，用竹帘、苇席、遮阴网等作遮阴材料。遮阴时间为晴天上午 10 点到下午 5 点左右，早晚要将遮阴材料揭开。每天的遮阳时间应随苗木的生长逐渐缩短，一般遮阳 1 ~ 3 个月，当苗木根茎部已经木质化时，应拆除荫棚。

(2) 间苗与补苗。为调整苗木疏密，为幼苗生长提供良好的通风、透光条件，保证每株苗木需要的营养面积，需要及时间苗、补苗。间苗的时间和次数，应以苗木的生长速度和抵抗能力的强弱而定。间苗的原则是间小留大，去劣留优，间密留稀，全苗等距。间苗时间最好在雨后或土壤比较湿润时进行。间苗后应及时灌溉，以淤塞间苗留下的苗根空隙，防止保留苗因根系松动而失水死亡。对幼苗疏密不均或缺苗的现象，要及时补苗。补苗应结合间苗进行，要带土铲苗，植于稀疏空缺处，按实，浇水，并根据需要采取遮阴措施。

(3) 松土除草。松土除草是田间苗木生长期最基本和最繁重的日常管理工作，松土可疏松土壤，减少土壤水分损失，改善土壤结构，同时消除杂草，有利于苗木的生长发育。

生长季节及时除草。杂草不仅与苗木争夺养分和水分，危害苗木生长，还传播病虫害。除草就要"除早、除小、除了"。杂草刚刚发生时，容易斩草除根;到杂草开花结实之前必须作一次彻底清除，否则一旦结实，需多次反复，甚至多年清除。

（4）灌溉与排水。幼苗对水分的需求很敏感，灌水要及时、适量。生长初期根系分布浅，应"小水勤灌"，始终保持土壤湿润。随着幼苗生长，逐渐延长两次灌水间隔时间，增加每次灌水量。灌水一般在早晨和傍晚进行。灌溉方法较多，高床主要采用侧方灌溉，平床进行漫灌。有条件的应积极提倡使用喷灌和滴灌。排水是雨季田间育苗的重要管理措施。雨季或暴雨来临之前要保证排水沟渠畅通，雨后要及时清沟培土，平整苗床。

（5）施肥。苗期施肥是培养壮苗的一项重要措施。为发挥肥效，防止养分流失，施肥要遵循"薄肥勤施"的原则。施肥一般以氮肥为主，适当配以磷、钾肥。苗木在不同生长发育阶段对肥料的需求也不同，一般来说，播种苗生长初期需氮、磷较多，速生期需大量氮，生长后期应以钾为主，磷为辅，减少氮肥。第一次施肥宜在幼苗出土后一个月，当年最后一次追施氮肥应在苗木停止生长前一个月进行。

三、任务评价

具体任务评价见表3-4。

任务评价表　　　　　　　　　　　　　　表3-4

评价等级	评价内容及标准
优秀（90~100分）	能独立完成整个地被种植过程，操作规范、场地平整细致、种子提前处理、播种适量、撒种均匀、镇压覆盖、出苗后及时撤出覆盖物、出苗均匀整齐
良好（80~89分）	能独立完成整个地被种植过程，场地平整、种子提前处理、播种适量、撒种均匀、镇压覆盖、出苗后及时撤出覆盖物、出苗均匀整齐
中等（70~79分）	在他人指导下，完成整个地被种植过程，场地平整、种子提前处理、播种适量、撒种均匀、镇压覆盖、出苗后及时撤出覆盖物
及格（60~69分）	在他人指导下，完成整个地被种植过程，场地平整、种子提前处理、播种、撒种、镇压覆盖、出苗后及时撤出覆盖物

四、课后思考与练习

（1）如何能使植物发芽整齐?

（2）播种繁殖覆土厚度怎么确定?

（3）常见植物发芽后的养护措施有哪些?

五、知识与技能链接

1. 园林植物种子催芽方法

催芽就是用人为的方法打破休眠。可提高种子的发芽率，减少播种量;且出苗整齐，便于管理。催芽的方法根据种子的特性及具体条件来定。

（1）水浸催芽。多数园林植物种子用水浸泡后会吸水膨胀，种皮变软，打破休眠，提早发芽，缩短发芽时间。在较高温的水中还可杀死种子的部分病原菌。浸种的水温和时间因树种而异。种粒小且种皮软薄的种子浸种水温较低，种皮厚且致密坚硬的种子浸种水温较高，甚至高达 100℃。一般树种浸种水温 30 ~ 50℃，浸种时间 24 小时左右。

（2）层积催芽。把种子与湿润物（沙子、泥炭、蛭石等）混合或分层放置，通过较长时间的冷湿处理，促使其达到发芽程度的方法，称为层积催芽。这种方法能解除种子休眠，促进种子内含物质的变化，帮助种子完成后熟过程，对于长期休眠的种子，出苗效果极其显著，在生产中广泛应用。层积催芽技术类似种子沙藏法，可以是露天埋藏、室内堆藏、窖藏，或在冷库、冰箱中进行。把种子与其体积 2 ~ 3 倍的湿润基质混合起来，或分层堆放。基质可用沙子、泥炭、蛭石、碎水苔等，湿润程度以手捏成团，又不出水为度。

（3）变温催芽。在生产中，对于急待播种而来不及层积催芽的，常可采用变温催芽的方法。将浸好的种子与 2 ~ 3 倍湿沙混拌均匀，装盘 20 ~ 30cm 厚，置于调温室内，保持在 30 ~ 50℃进行高温处理，此时沙温度在 20 ~ 30℃或以上。每隔 6 小时翻倒一次，注意喷水保湿，约经过 30 天左右，有 50% 以上的种子胚芽变淡黄色时，即可转入低温处理。低温处理时，沙温度控制在 0 ~ 5℃，湿度在 60% 左右，每天翻动 2 ~ 3 次，经过 10 天左右，再移到室外背风向阳处进行日晒，每天注意翻倒、保湿，夜间用草帘覆盖。约经 5 ~ 6 天，种胚由淡黄色变为黄绿色，有大部分种子开始"咧嘴"，即可播种。

（4）机械破皮催芽。通过机械擦伤种皮，增强种皮的透性，促进种子吸水萌发。机械损伤催芽方法主要用于种皮厚而坚硬的种子，如山楂、紫穗槐、油橄榄、厚朴、铅笔柏、银杏、美人蕉、荷花等，在砂纸上磨种子，用锉刀锉种子等，进行破皮时不应使种子受到损伤。

（5）药物催芽。用化学药剂或激素处理种子，可以改善种皮的透性，促进种子内部生理变化，如酶的活动、养分的转化、胚的呼吸作用等，从而促进种子发芽。

2. 园林植物播种时间

园林植物的播种时期主要根据其生物学特征和当地气候条件，以及应用的目的和时间来确定。根据播种季节，将播种时期分为春播、秋播、夏播和冬播。

（1）春播。春季是主要的播种季节，适合于绝大多数的园林植物播种，如大部分园林树木、一年生花卉、宿根花卉。春播的早晚，应在幼苗不受晚霜危害的前提下，越早越好。近年来，各地区采用塑料薄膜育苗和施用土壤增温剂，可以提早至土壤解冻后立即进行。

（2）秋播。秋季也是重要的播种季节，适合于种皮坚硬的大粒种子和休眠期长、发芽困难的种子。秋播后，种子可在自然条件下完成催芽过程，翌春发芽早，出苗整齐，苗木发育期延长，抗逆性增强。秋播要以当年种子不发芽为原则，以防幼苗越冬遭受冻害。一般在土壤结冻以前越晚播种越好。

适合秋播的种类有板栗、山杏、油茶、文冠果、白蜡、红松、山桃、牡丹属、苹果属、杏属、蔷薇属等。二年生的花卉，原则上秋播，但播种时间不同，一般当气温降至 30℃ 以下时，争取早播，但在冬季寒冷地区需防寒越冬，或作一年生栽培。

（3）夏播。夏播主要适宜于春、夏成熟而又不宜贮藏的种子或生活力较差的种子。一般随采随播，如杨、柳、榆、桑等。夏播宜早不宜迟，以保证苗木在越冬前能充分木质化。夏播应于雨后或灌溉后播种，并采取遮阳等降温保湿措施，以保持幼苗出土前后始终土壤湿润。

（4）冬播。冬播是秋播的延续和春播的提前。冬季气候温暖湿润、土壤不冻结、雨量较充沛的南方，可冬播。

值得一提的是，我国各地气温不一样，适宜播种的具体时间也有差别。例如对于一年生草花，一般北方在 4 月上中旬播种，而南方春天温度回升早，播种期可比北方提前约一个月；而对于两年生草花，南方约在 9 月下旬开始播种，北方则约在 8 月底开始。

3. 播种苗各时期的生长特点

播种后，在幼苗出土前及苗木生长过程中，要进行一系列的养护管理。播种苗生长不同时期及不同的播种方式，其管理措施也不尽相同。播种苗从播种开始到当年休眠为止，经历各不同的生长时期，对环境的要求也不相同。尤其园林树木表现更为明显。

（1）出苗期。种子播种后到幼苗出土前。

种子萌发需要充足的水分、适宜的温度、一定的氧气，一般情况下，种子萌发的温度要比生长适温高 3 ~ 5℃。所以播种基质要求疏松、湿润且温度适宜。

这一时期的持续时间因植物种类、播种季节、催芽方法及当地条件不同而不同。通常草本类植物及夏播的树种一般需要 1 ~ 2 周的时间，春播的树种则需要 3 ~ 5 周乃至更长的时间。

（2）生长初期。幼苗出土后到苗木生长旺盛期，一般为 3 ~ 8 周。

影响这一时期生长的主要环境因子是水分，其次是光照、温度和氧气。对土壤磷、氮的要求较为敏感。这一时期主要的育苗任务是提高幼苗保存率，促进根系生长。主要技术措施是要进行适当的灌溉、间苗、松土除草、适量施肥，且应该在保证苗木成活的基础上进行蹲苗，促进根系生长。

（3）速生期。从幼苗加速生长开始到生长下降时为止，一般为 10 ~ 15 周。

影响这一时期生长的主要环境因子是土壤水分、养分和气温。在这一时期，苗木的根、茎、叶生长都非常旺盛，其主要育苗任务是采取各种措施满足苗木的生长，提高苗木质量。主要技术措施应进行施肥、灌水、松土除草；但在速生后期，也应节制肥水，使苗木安全越冬。

（4）生长后期。速生期结束到休眠落叶时止。这一时期的主要育苗任务促使幼苗木质化，形成健壮的顶芽，使之安全越冬。主要技术措施应停止施肥灌水，控制幼苗生长，北方应采取各种防寒措施保护幼苗。

任务五　草坪建植工程

学习情境：绿化种植工程只剩最后的草坪建植，为了尽快出效果，项目部决定采用草皮密铺方式来建植草坪，小王亲自去苗圃挑选草皮，确定好数量让苗圃给起草皮并运送到工地。

一、任务内容和要求

用草皮密铺方法完成草坪建植任务，包括坪床的整理、草坪的铺设和栽植后管理。

二、任务实施

（一）坪床的准备（视频3.5-1 草坪坪床准备）

坪床条件的好坏直接影响草坪草的生长发育状况，坪床准备工作主要包括场地的清理、翻耕平整、基肥与有机质和石灰的施用、土壤的改良、排灌设施的安装等。如果场地整理完后，遇恶劣天气或其他原因而推迟草坪繁殖，在草坪繁殖前还需对坪床表土作适当的处理。

视频3.5-1 草坪坪床准备

1）场地的清理

尽量清除或减少影响草坪建植和草坪草良好生长的障碍物，如树木、灌丛的清挖，石块、瓦砾等建筑垃圾的清除，田间杂草的防除等。场地的翻挖深度在20～30cm，将其中石块、树根、杂物等清理干净。同时混入基肥，基肥多用复合化肥，肥料要施均匀，每平方米30g，根据土壤肥沃程度增减，土壤条件不好的地方一定要添加好的客土。大面积草坪通常还要安装灌溉和排水系统，常采用地埋式喷灌系统。

2）坪床的翻耕、平整

坪床的翻耕、平整工作主要是为草坪草的生长提供一个疏松、透气的土壤层，提高土壤的持水能力，减少草坪草根系向下生长的阻力，如同农作物耕作一样将表土挖松、耙细。面积较小时，可用人工挖或用耕机耕作，但当面积较大时，需用机械犁耕、圆盘犁耕和耙地等一系列机械操作。耕作时需土壤含水量适中，以便能很好地形成适宜植物生长的土壤颗粒。

坪床的平整分两步，第一步是粗整，如自然式草坪，需将坪床整成有一定高差的高低起伏的地面。第二步细整，是对第一步后的坪床进行细致的平整，让坪床表面均匀一致，不积水，不形成陡坡等。

（1）粗整最重要的工作就是挖填方，挖填方后土壤必定会有一定的沉降（视土质不同其沉降大小不等），细土通常下沉15%（即每米下沉15cm左右），因此，有条件的可每填30cm即行镇压一次，也可让填方超过设计高度，让其自然沉降。为了保证土壤的养分储存，挖填方时要尽量保证形成后的坪床表面有12～15cm厚的表层土（即熟土）。

在对坪床进行粗整时，结合挖方填方一起考虑坪床的排水问题，通常地表排水适宜的坡度为2%。若四周均能排水的地面，则设计成中间高、四周低的坪床。在建筑物附近，坡度则应是远离房屋的。总之，要根据具体的地形地势来设计排水方式。

(2) 细整是在粗整的基础上进一步平整坪床，如果需要紧跟着进行草坪繁殖，可连同草坪基肥、有机质等土壤改良剂一同施入土壤后进行细整，可以人工耙地，也可用机具耙平。在细整前一定要让土壤充分沉降，以免草坪繁殖后出现高低不平的坪床，从而给草坪的养护带来一定的难度，细整也必须在土壤湿度适宜时进行，从而能形成理想的土壤颗粒。对于有地形起伏的坪床，细整一定要防止陡坡的形成，以避免给养护管理带来困难。

3）土壤改良

理想的草坪坪床土壤应是土层深厚、排水性良好、pH值在5.5～6.5、结构适中的能供草坪草良好生长和草坪功能发挥的土壤，但建坪的土壤可能一般都不全具有这种特性。因此，必要时须对土壤进行改良，以创造15～20cm深的疏松肥沃的土壤供植物根系生长发育。根据土壤具体状况，向土壤中加入有机肥、膨化鸡粪或泥炭土等改良土壤板结状况；采用石灰、消石灰改良酸性土壤；采用硫酸亚铁改良碱性土壤；在沙土中掺入黏土，在黏土中掺入沙土，改良过沙或过黏土壤。

对于在建筑工地上直接建植草坪，一般是清除了大量的建筑垃圾后，先铺一层有效的表土层，直到符合要求的土壤表面大致形成为止，再将松软的表土层加厚到20～25cm，以满足草坪草根系生长所需。这一过程完全是由其他田园土更换坪床的土壤，同具有特殊要求的草坪如高尔夫果岭草坪和足球场草坪一样，所换的土也可按需要由特殊土壤混合制备而成。

4）排灌设施的安装

水分是草坪草正常生长所必需的物质之一，过犹不及，必须适中。因此，排灌系统的安装对草坪的养护管理非常重要，其准备工作和设施的安装一般在场地粗整之后即开始进行。对于要预埋管道的，为安全和保险起见，可分段进行。

（二）草坪建植

1. 草坪播种建植（视频3.5-2 草坪播种建植）

播种前按面积计算播种量，准备好种子、播种器（有大型、中型和小型播器）、碾压用的磙子或碾压器、耙子、浇水的管子喷头等浇水设施。

播种前将整好的地再用细耙子耙一遍确保平整，然后可以用轻型碾压器将地碾压一边。确定播种量后，将要播种的地分块，按所分面积及播种量称量好种子，拌三倍细沙，分两次均匀撒于土表，两次撒播从不同方向进行；也可以用手推式或手摇式播种器进行播种，之后用耙子人工耙一遍，使土壤覆盖种子。也可在表面覆大约1cm厚的细沙和肥料的混合物，一来可以当作种子的保护层，二来可以当作覆盖物，覆盖物能够起到保护土壤水分的作用。播种之后用磙子压一遍，使种子和土壤充分接触。

视频3.5-2 草坪播种建植

播种后应给播种地区以充足水分，保持坪床湿润，直至种子发芽。每次浇水每平方米至少10L水。只有在满意的发芽率（至少90%）的情况下，撒播草皮方可接收。苗期要保证充足的水分，不及时灌溉是新建草坪失败的主要原因之一，水分不足（时断时续）对种子的萌发影响非常大。另外，种子发芽后，过量的水分将会使草坪根系变浅，因此草坪草苗期要适时进行"蹲苗"处理，以利于草坪草根系向深层发育。

修剪是建植高质量草坪的一个重要管理措施。其遵循的基本规则为"剪去量1/3"原则。第一次修剪在草坪草长到7cm左右时进行，对新建草坪适时进行修剪，可促进草坪的分蘖和增加草坪密度。

2. 草坪满铺建植（视频3.5-3 草坪满铺建植）

铺设法建植草坪是直接把草皮按一定的间距，整齐地铺设在整理好的坪床地面上，通过一系列管理工序，使草坪生根，建植草坪的方法。移栽的最大优点是成坪快，瞬间见效。

铺设法建植草坪可以在一年中任何时间进行，但是最佳时间应该是秋季和早春，注意避免在雨天或者霜冻天气铺设草坪。在铺植前，对铺植场地再次拉平，并用细土填平低洼处，以免以后草地下沉积水。进行1～2次镇压，将松软之土压实或灌水沉降，达到床土湿润而不潮湿。为了地形更加平整饱满，可以在整理好的场地上覆沙，厚度控制在2～3cm，不宜太厚，也可以使用沙和种植土按一定配比拌匀的混合土，效果更好。

铺草块时，草皮应平放于准备好的种植床边上，草皮边缘、地被与草皮、草皮与硬质接口处应使用整块草皮，从笔直的边缘如路缘处开始铺设第一排草皮（图3-20），保持草块之间结合紧密平齐。在第一排草皮铺设完成后，在已铺好的草皮上放置木板（图3-21），然后跪在上面，紧挨着毛糙的边缘像砌砖墙一样错缝铺设下一排草皮。用同样的方式精确地将剩余的草皮铺完，不要在裸露的土壤上行走，草坪中心可以利用小块草皮，草块的边缘要修整齐，相互挤严，外不露缝。草皮需紧贴土壤表面，随时用木拍拍实，如果草皮边缘不能密接以及表面不平整，应用木槌轻轻地敲打并均匀地固定，木槌底部应经常清除所粘积之泥土。铺设后应运用经筛选的表土或混合表土，用刷子将其刷进连接缝隙处，使草块间填满细土（图3-22）。

视频3.5-3 草坪满铺建植

图3-20 从笔直边缘开始铺设第一排草皮（左）
图3-21 在草皮上铺木板继续铺设（右）

图 3-22　用沙土填缝
　　　　隙（左）
图 3-23　压实草皮(右)

铺草作业完成后即可滚压，用轻型碾压器滚压或用镇板拍平（图 3-23），使草坪与土壤紧接无空隙。任何因草皮厚度或土壤压实不平整引起的完成表面不均匀，应在草皮下整理和堆集细质土壤改善，禁止使用滚筒。草皮与硬质景观切割 1cm，草皮与地被切割 4～5cm。

在铺设草皮后立即浇水，并按需要经常保持其处于湿润状态。任何裸露地块应重新翻动，耕作并恢复到全部覆盖状态。如发现收缩以及连接处张开，应用细质表土或混合物刷进连接处并充分浇水。

在斜度大于 30°时就不应种植草皮。如在斜坡上植草，每块草皮应用长300mm 的竹钉插入，直至竹钉高出表土 12mm，每块草皮在两个上角用竹钉固定。若有工程要横越已铺好的草坪，应在草坪上铺上木板。

3. 苗期管理（视频 3.5-4 草坪苗期管理）

新铺草坪在两到三周内应避免践踏，因为草皮需要足够的恢复生长时间。

1）浇水

灌溉是获得良好铺植效果的保证，必须在铺植和滚压后马上浇水。在草皮建植前必须持续保持草皮以及苗床土壤的湿润。用水量要由天气情况来决定，当天气干热多风时，草皮会很快变干，建议在开始的时候，每两到三天灌溉15～20mm 的水，然后视草坪根系建植的情况逐步扩大灌溉的时间间隔。在草坪完全建植之前必须保持土壤的持续湿润。

视频 3.5-4　草坪苗期
管理

2）修剪

刚建植草坪第一次修剪草坪，应在草长到 75mm 时，剪至 25mm 高。以后修剪草坪，应在草长到 50mm 时，剪至 25mm 高。在草坪草的生长季节，根据其高度要求来修剪，当草坪草的高度达到需要保留的高度的 1.5 倍时就应进行修剪。对于新建草坪的首次修剪，可以在草坪草高度达到需要保留高度的 2 倍时进行修剪。避免同一地点多次按同一方向进行修剪，以免形成"纹理"现象。应遵循 1/3 原则，即每次剪掉的部分不应超过草坪草总长度的 1/3。应避免在雨后进行修剪；修剪刀片应锋利；根据不同的管理水平要求选择不同类型的剪草机。

3）施肥

在草坪草生长旺盛的春、秋季节，适用肥效快的水溶性肥料；在草坪草夏季高温来临之前和冬季低温来临之前，则用控释肥如 Apex14-14-14，因为这时候草坪草处于休眠期，生长缓慢，对肥料需求量下降，施用控释肥，可以增加草坪抗性，促使草坪生长粗壮，以度过不利的成长季节。

4）杂草防治

新坪建立后，由于草坪草尚幼嫩，竞争力较弱，而且对于化学药品极为敏感，因此杂草极易侵入，还不能采用除草剂，人工拔除不失为新坪的杂草防除最有效的方法。

三、任务评价

具体任务评价见表 3-5。

任务评价表　　　　　　　　　　　表3-5

评价等级	评价内容及标准
优秀（90~100分）	能独立完成整个草坪铺设过程，操作规范、场地平整、草皮铺设整齐、美观、缝隙拼接准确、草坪恢复快
良好（80~89分）	能独立完成整个草坪铺设过程，操作规范、场地平整、美观、缝隙拼接准确、草坪恢复快
中等（70~79分）	在他人指导下，完成整个草坪铺设过程，操作规范、场地平整、美观、缝隙拼接准确、草坪恢复快
及格（60~69分）	在他人指导下，完成整个草坪铺设过程，操作规范、场地平整、缝隙拼接准确

四、课后思考与练习

（1）如何选择适合本地生长的草皮草种？

（2）如何保证草坪铺设的平整度？

（3）简述草皮铺设过程和注意事项？

五、知识与技能链接

1. 草坪草种选择

我国气候条件大致分为北方、南方以及过渡带三个地域，各有不同的特点。我国北方大致包括华北、东北、西北及云贵高原地区，气候较为温和，草坪草以冷季型草为主。南方则包括华南广大地区，华中及华东南部地区，气候炎热，草坪草以狗牙根、百喜草、马尼拉及马蹄金等暖季型草种为主。处于两者之间的华中、华东长江流域属过渡带地区，夏季炎热、冬季寒冷，四季气候分明，草坪草既有冷季型草高羊茅、草地早熟禾，亦有传统的马尼拉、狗牙根及马蹄金等，是草坪建植与管理较复杂的地方。在掌握各种草坪草特性的情况下，根据当地气候、土壤条件，建植、管理的成本费用，草坪所要求的品质用途等选择适宜的草坪草种。一般草坪在建坪时，应用不同的草种混合播种或用

同一草种的不同品种混合播种,而不提倡单独播种单一的品种。一般配合比例:
2/3 草地早熟禾＋1/3 高羊茅,2/3 草地早熟禾＋1/3 黑麦草或不同品种的草
地早熟禾混播。选择草坪草种和品种的第一个基本原则就是气候环境适应性原
则,第二个基本原则就是优势互补及景观一致性原则。优势互补及景观一致性
原则也是草坪草种选择的决定性因素之一。

2. 草坪播种时间选择

冷季型草坪草种适宜的生长温度为 15 ～ 25℃,建植多选择早春和秋季。
春播草坪浇水压力大,易受杂草危害,相比而言,秋季建植为最佳时间。在我
国部分夏季冷凉干燥地区,夏初雨季来临前建植草坪效果也较好。暖季型草坪
草种适宜的生长温度为 25 ～ 35℃,暖季型草坪的建植主要以夏季为主,有时
建植时间也是草种选择的决定因素,如在杭州,5 ～ 8 月温度高、湿度大,不
适宜种植高羊茅,而温度低于 10℃时不适宜种植狗牙根。

3. 常见草坪草播种量确定

播种量因品种及播种时间略有不同,不同草种的播种量见表 3-6:

不同草种的播种量（发芽率85%）（g/m²）　　　　表3-6

	春	夏	秋
早熟禾	15～20	15～20	10～15
黑麦草	30～35	30～35	25～30
高羊茅	35～40	35～40	30～35
紫羊茅	30～35	30～35	25～30
翦股颖	10～12	10～12	8～10
狗牙根	10～12	10～12	8～10
结缕草	25～30	25～30	20～25
白三叶	8～12	8～10	8～10

4

项目四　园林树木整形修剪

　　项目背景：庭院绿化工程接近尾声，进入竣工验收阶段，公司刚又中标一个学校校园园林植物养护工程，公司抽调项目部大部分人员投入校园养护工作，公司目标就是创造整齐、优美的校园景观。

任务一　园林植物整形修剪指导手册制定

学习情境：整形修剪是园林植物日常养护中很重要的一部分内容，也是养护工作的重点内容，因此，项目经理要求根据校园园林植物情况，编制针对性强的植物整形修剪指导手册。

一、任务内容和要求

完成校园园林植物整形修剪指导手册，指导手册应具有很强的针对性和可操作性，应包括：植物整形修剪的目的、修剪依据、修建时间、修剪程序、修剪顺序、整形修剪方式、常用的修剪手法、修剪质量要求和修剪安全要求。

二、任务实施

1. 整形修剪的目的

整形修剪可调控树体结构，使树体各层主枝在主干上分布有序、错落有致、主从关系明确、各占一定空间，形成合理的树冠结构，满足特殊的栽培要求。通过修剪打破了树木原有的营养生长与生殖生长之间的平衡，重新调节树体内的营养分配，促进开花结实。通过修剪可使树冠通透性能加强、相对湿度降低、光合作用增强，从而提高树体的整体抗逆能力，减少病虫害的发生。修剪还可以平衡树势，提高移栽树的成活率，促使衰老树的更新复壮。

2. 整形修剪时期

园林树木的整形修剪，从理论上讲一年四季均可进行，只要处理得当、掌握得法，都可以取得较为满意的结果。但正常养护管理中的整形修剪，主要分为休眠期修剪和生长季修剪。栽植前乔木修剪，如当天栽植量较大时，也可在栽后再进行修剪，但高大乔木必须在栽前修剪。灌木可在栽植后修剪，色带及绿篱苗木的整剪，应在浇灌两遍水后进行。

1) 休眠期修剪（冬季修剪）

大多落叶树种的修剪，宜在树体落叶休眠到春季萌芽开始前进行，习称冬季修剪。此期内树木生理活动滞缓，枝叶营养大部分回归主干、根部，修剪造成的营养损失最少，伤口不易感染，对树木生长影响较小。修剪的具体时间，要根据当地冬季的具体温度特点而定，如在冬季严寒的北方地区，修剪后伤口易受冻害，故以早春修剪为宜，一般在春季树液流动前约2个月的时间内进行；而一些需保护越冬的花灌木，应在秋季落叶后立即重剪，然后埋土或包裹树干防寒。

2) 生长季修剪（夏季修剪）

可在春季萌芽后至秋季落叶后的整个生长季内进行，此期修剪的主要目的是改善树冠的通风、透光性能，一般采用轻剪，以免因剪除枝叶量过大而对树体生长造成不良的影响。对于发枝力强的树种，应疏除冬剪截口附近的过量新梢，以免干扰树形；嫁接后的树木，应加强抹芽、除蘖等修剪措施，保护接穗的健壮生长。对于夏季开花的树种，应在花后及时修剪、避免养分消耗，并促来年开花；一年内多次抽梢开花的树木，如花后及时剪去花枝，可促使新梢的抽发，再现花期。观叶、赏形的树木，夏剪可随时去除扰乱树形的枝条；绿篱采用生长期修剪，可保持树形的整齐美观；常绿树种的修剪，因冬季修剪伤口易受冻害而不易愈合，故宜在春季气温开始上升、枝叶开始萌发后进行。

3. 修剪程序

一知、二看、三剪、四拿、五保护、六处理。苗木修剪时，必须严格按照以上程序进行，才能修剪出理想的株形。

一知：修剪人员对所剪苗木的生长习性、自然树形（心形、圆球形、拱枝形、伞形等）、花芽着生位置、特型树及主要景观树修剪标准要求等，做到心中有数。

二看：修剪前应绕树1～2圈，观察待剪树大枝分布是否均匀、树冠是否整齐、大枝及小枝的疏密程度。待看清预留枝和待剪枝，确定修剪方式和修剪量后，方可进行修剪。对轮生枝或分枝较多的大树，可在待剪枝上拴绳或布条作标示，以免错剪。

三剪：按操作规范、修剪顺序和质量要求进行合理修剪。

四拿：及时将挂在树上、篱面、球体表面的残枝拿掉，集中清理干净。

五保护：截口必须平滑，剪口直径在5cm以上的，必须涂抹保护剂。易感染腐烂病、溃疡病、干腐病的树种，剪口处必须涂抹果腐康，或果腐宁、梳理剂、9281等，防止腐烂病、干腐病发生。只涂油漆封口或防护剂涂抹不到位，致使栽植后病害迅速扩展，是造成死苗率高的重要原因之一。

六处理：将剪下的病、虫叶及枝条集中销毁，病果深埋，防止病虫蔓延。

4. 修剪顺序

修剪应遵循乔木树种先上后下，先内后外，先剪大枝，后剪小枝的顺序依次进行；灌木类由内向外；丛球类、绿篱、色块类，应由外向内进行整剪。

5. 整形修剪方式

（1）自然式整形。以自然生长形成的树冠为基础，仅对树冠生长作辅助性的调节和整理，使之形态更加优美自然。保持树木的自然形态，不仅能体现园林树木的自然美，同时也符合树木自身的生长发育习性，有利于树木的养护管理。树木的自然冠形主要有：圆柱形，如塔柏、杜松、龙柏等；塔形，如雪松、水杉、落叶松等；卵圆形，如桧柏（壮年期）、加拿大杨等；球形，如元宝枫、黄刺梅、栾树等；倒卵形，如千头柏、刺槐等；丛生形，如玫瑰、棣棠、贴梗海棠等；拱枝形，如连翘、迎春等；垂枝形，如龙爪槐、垂枝榆等；匍匐形，如偃松、偃桧等。修剪时需依据不同的树种灵活掌握，对有中央领导干的单轴分枝型树木，应注意保护顶芽，防止偏顶而破坏冠形；抑制或剪除扰乱生长平衡及破坏树形的交叉枝、重生枝、徒长枝等，维护树冠的匀称完整。

（2）人工式整形。依据园林景观配置需要，将树冠修剪成各种特定的形状，适用于黄杨、小叶女贞、龙柏等枝密、叶小的树种。常见树型有规则的几何形体、不规则的人工形体，以及亭、门等雕塑形体，原在西方园林中应用较多，但近年来在我国也有逐渐流行的趋势。

（3）自然与人工混合式整形。在自然树形的基础上，结合观赏目的和树木生长发育的要求而进行的整形方式，如白玉兰、青桐、银杏及松柏乔木等，在庭荫树、景观树栽植应用中常见。

（4）多主干形。有 2 ~ 4 个主干，各自分层配列侧生主枝，形成规整优美的树冠，能缩短开花年龄，延长小枝寿命，多适用于观花乔木和庭荫树，如紫薇、蜡梅、桂花等。

（5）灌丛形。适用于迎春、连翘、云南黄馨等小型灌木，每灌丛自基部留主枝 10 余个，每年疏除老主枝 3 ~ 4 个，新增主枝 3 ~ 4 个，促进灌丛的更新复壮。

（6）棚架形。属于垂直绿化栽植的一种形式，常用于葡萄、紫藤、凌霄、木通等藤本树种。整形修剪方式由架形而定，常见的有篱壁式、棚架式、廊架式等。

6. 常见修剪手法

休眠期常用短截、疏枝等修剪方法完成；生长期常用去蘖、抹芽、摘心、减梢、疏枝、疏果、断根、环剥、环割等修剪方法来完成。

1）短截，又称短剪，主要适用于当年生枝条，也就是指对一年生枝条的剪截处理。手法比较简单，就是对枝条剪去一部分。枝条短截后，养分相对集中，可刺激剪口下侧芽的萌发，增加枝条数量，促进营养生长或开花结果。短截程度对产生的修剪效果有显著影响。短截又分为轻短截、中短截、重短截、极重短截（图 4-1）（视频 4.1-1 短截）。

（1）轻短截，轻剪枝条的顶梢，剪去枝条全长的 1/5 ~ 1/4，主要用于观花观果类树木的强壮枝修剪。枝条经短截后，多数半饱满芽受到刺激而萌发，分散枝条养分在剪口下生长几个不太强的中长枝，再向下发出许多短枝，形成大量中短枝，一般生长势缓和，有利于形成果枝，促进分化更多的花芽。

（2）中短截，剪到枝条中部或中上部饱满芽处，也就是自枝条长度 1/3 ~ 1/2 的饱满芽处短截，使养分较为集中，成枝力强，促使剪口下发生较壮的营养枝，促进分枝，增强枝势，主要用于骨干枝和延长枝的培养及某些弱枝的复壮，连续中短截能延缓花芽的形成。

视频 4.1-1 短截

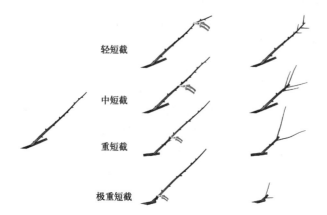

轻短截

中短截

重短截

极重短截

图 4-1 短截

（3）重短截，多在春梢中下部半饱满芽处剪截，在枝条中下部、全长2/3 ~ 3/4 处短截，剪口大，修剪量也长，刺激作用大，可逼基部隐芽萌发，截后一般能在剪口下抽发 1 ~ 2 个旺枝或中长枝，剪后成枝力低而生长较强，适用于培养枝组或弱树、老树、老弱枝更新复壮。

（4）极重短截，多在春梢基部留 1 ~ 3 个瘪芽进行剪截，其余全部剪去，修剪后在剪口下萌生 1 ~ 2 个细弱枝，可降低枝条的位置，有削弱旺枝的生长作用，主要应用于徒长枝、直立枝、竞争枝的处理，以及强旺枝的调节，或培养紧凑型枝组。

2）疏，又称疏删或疏剪，即把枝条从分枝基部剪除的修剪方法。疏剪能减少树冠内部的分枝数量，使枝条分布趋向合理与均匀，改善树冠内膛的通风与透光，增强树体的同化功能，减少病虫害的发生，并促进树冠内膛枝条的营养生长或开花结果（视频 4.1-2 疏）。

疏剪的主要对象是弱枝、病虫害枝、枯死枝、徒长枝、轮生枝、逆向枝、平行枝、萌发枝、萌蘗枝等各类枝条。疏剪对全树的总生长量有削弱作用，但能促进树体局部的生长。疏剪对局部的刺激作用与短截有所不同，它对同侧剪口以下的枝条有增强作用，而对同侧剪口以上的枝条则起削弱作用。

疏剪强度是指被疏剪枝条占全树枝条的比例，剪去全树 10% 的枝条者为轻疏，强度达 10% ~ 20% 时称中疏，重疏则为疏剪 20% 以上的枝条。实际应用时的疏剪强度依树种、长势和树龄等具体情况而定，一般情况下，萌芽率强、成枝力弱的或萌芽力、成枝力都弱的树种应少疏枝，如马尾松、油松、雪松等；而萌芽率、成枝力强的树种，可多疏枝；幼树宜轻疏，以促进树冠迅速扩大；进入生长与开花盛期的成年树应适当中疏，以调节营养生长与生殖生长的平衡，防止开花、结果的大小年现象发生；衰老期的树木发枝力弱，为保持有足够的枝条组成树冠，应尽量少疏；花灌木类，轻疏能促进花芽的形成，有利于提早开花。

3）伤，损伤枝条的韧皮部或木质部，以达到削弱枝条生长势、缓和树势的方法。伤枝多在生长季内进行，对局部影响较大，而对整株树木的生长影响较小，是整形修剪的辅助措施之一，主要方法有：环剥、环割、刻芽、扭梢和折梢（视频 4.1-3 伤 1）。

（1）环状剥皮环剥，是增加坐果、促进成熟、提高品质简便有效的措施。环剥（图 4-2）就是用刀在枝干或枝条基部的适当部位，环状剥去一定宽度的树皮，切断树干上一部分韧皮部。在一段时期内阻止枝梢的光合养分向下输送，使叶片产生的光合产物短时间内集中在树冠部分，供应果实发育的营养需求，有利于枝条环剥上方营养物质的积累和花芽分化，因此，环剥适宜在初结果期使用，也适用于营养生长旺盛、但开花结果量小的枝条。

剥皮宽度要根据枝条的粗细和树种的愈伤能力而定，一般以 1 个月内环剥伤口能愈合为限，约为枝直径的 1/10 左右（2 ~ 10mm），过宽伤口不易愈合，过窄愈合过早而不能达到目的。环剥深度以达到木质部为宜，过深伤及木质部

视频 4.1-2 疏

视频 4.1-3 伤 1

会造成环剥枝梢折断或死亡，过浅则韧皮部残留，环剥效果不明显。实施环剥的枝条上方需留有足够的枝叶量，以供正常光合作用之需。

环剥是在生长季应用的临时性修剪措施，多在花芽分化期、落花落果期和果实膨大期进行，在冬剪时要将环剥以上的部分逐渐剪除。环剥也可用于主干、主枝，但须根据树体的生长状况慎重决定，一般用于树势强旺、花果稀少的青壮树。伤流过旺、易流胶的树种不宜应用环剥。

图4-2　环剥（左）
图4-3　环割（右）

（2）环割是环剥的一项辅助措施，有一些大树在环割后愈合很快，环剥的作用就会减弱，这时可以用环割的方法来补充，环割和环剥的原理一样，使枝叶的营养集中在花果上，不往基部输送（视频4.1-4 伤2）。

环割（图4-3）的方法，在树枝的基部，用刀或环切剪将树皮环割一道，深达木质部，宽度一般为1～3mm。

（3）刻伤（图4-4）是用刀在枝芽的上（或下）方横切（或纵切）而深及木质部的方法，常结合其他修剪方法使用。春季发芽前，在芽的上方刻伤，可阻止根部养分向枝顶回流，使养分供给刻伤下面的芽萌发抽梢，刻伤越宽，效果越明显。生长期则相反在芽的下方刻伤，阻止养分向下运输，起到与环剥相同的作用，有利花芽的分化，并使花大、果也大。观赏树木也可用刻伤法补充新枝纠正偏冠现象（见视频4.1-4）。

视频4.1-4　伤2

（4）扭梢和折梢。在生长期内，将生长过旺的半木质化枝条，特别是着生在枝背上的徒长枝，将枝中上部扭曲下垂，使生长方向由上转向下，称为扭梢（图4-5）。扭梢与折梢是伤骨不伤皮，目的阻止水分、养分向生长点输送，削弱枝条长势，控制枝条旺长，利于短花枝的形成，桃树、碧桃、紫叶李等常用此法。

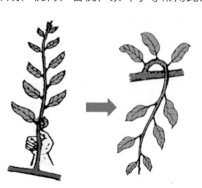

图4-4　刻伤（左）
图4-5　扭梢（右）

4）变，改变枝条生长方向，缓和枝条生长势的方法称为"变"。通常用在夏季生长期的修剪，也就是从果树萌芽到新梢落叶的修剪，常见有拉枝、拿枝、撑枝等，目的是改变枝条生长的方向和角度，使顶端优势转位、加强或削弱，将直立生长的背上枝向下曲成拱形时，顶端优势减弱，生长转缓。水平诱引具中等强度的抑制作用，使组织充实易形成花芽；下垂枝顶端优势弱，使其顶向上，增强顶端优势，使其枝势转旺（视频4.1—5 变）。

视频4.1—5 变

（1）拉枝（图4—6）时要充分利用空间，将枝条左右移动，将枝条拉向空间较大的部分。注意,不能使枝条相互挤压、覆盖,以免影响下部枝条的通风透光。其次，对粗度超过1.5～2cm的枝条，为防止劈裂，先用布条把几根枝子的基部绑结实。这样做，下一步的拉枝就不会拉折了。拉枝的时候，用手握住枝条的基部，轻轻活动，使枝条软化，然后慢慢地将枝条拉平，另外不可以用绳子拴枝条的梢部，如果拴住枝梢往下拉，就会使整个枝条成为大弓形，导致弓背上萌发大量的徒长枝，所以拉枝时要拴住枝条的中下部，使枝条成水平。

（2）拿枝（图4—7）在八月下旬到九月下旬进行，拿枝的方法是用手将枝条握住，从枝条的根部到顶部逐步弯折，反复数次，使枝条软化，角度成水平状态或略向下垂，需要注意的是拿枝的时候要逐渐加力，使枝条组织受到损伤但不折断枝条，同时切勿损伤叶片，同一根枝条一般需要做两次拿枝，第一次拿枝后一周左右，枝条如果继续旺长可以进行第二次拿枝，对于这种两至三年生的未结果树，我们主要是通过拉枝、拿枝等方法培养树形。

（3）撑枝（图4—8）可以采用架杆的方式，架杆可以起到两个方面的作用，一是起固定支撑的作用，二是起调整树体结构的作用，架杆常用于枝条较软的果树，如大樱桃、柿子树等，给枝条一个支撑的作用。

5）其他

（1）摘心即摘除新梢顶端生长部位的措施,摘心后削弱了枝条的顶端优势、改变了营养物质的输送方向，有利于花芽分化和开花结果。摘除顶芽可促使侧芽萌发，从而增加了分枝，有利于树冠早日形成。秋季适时摘心，可使枝、芽器官发育充实，有利于提高抗寒力。

（2）抹芽即抹除枝条上多余的芽体，可改善留存芽的养分状况，增强其生长势。如每年夏季对行道树主干上萌发的隐芽进行抹除，一方面可使行道树主干通直；另一方面可以减少不必要的营养消耗，保证树体健康生长发育。

图4—6　拉枝（左）
图4—7　拿枝（中）
图4—8　撑枝（右）

（3）摘叶（打叶）主要作用是改善树冠内的通风透光条件，提高观果树木的观赏性，防止枝叶过密，减少病虫害，同时起到催花的作用。如丁香、连翘、榆叶梅等花灌木，在8月中旬摘去一半叶片，9月初再将剩下的叶片全部摘除，在加强肥水管理的条件下，则可促其在国庆节期间二次开花。而红枫的夏季摘叶措施，可诱发红叶再生，增强景观效果。

（4）去蘖（又称除萌）。榆叶梅、月季等易生根蘖的园林树木，生长季期间要随时除去萌蘖，以免扰乱树形，并可减少树体养分的无效消耗。嫁接繁殖树，则须及时去除枝上的萌蘖，防止干扰树性，影响接穗树冠的正常生长。

（5）摘蕾。实质上为早期进行的疏花、疏果措施，可有效调节花果量，提高存留花果的质量。如杂种香水月季，通常在花前摘除侧蕾，而使主蕾得到充足养分，开出漂亮而肥硕的花朵；聚花月季，往往要摘除侧蕾或过密的小蕾，使花期集中，花朵大而整齐，观赏效果增强。

（6）摘果。摘除幼果可减少营养消耗、调节激素水平，枝条生长充实，有利花芽分化。对紫薇等花期延续较长的树种栽培，摘除幼果，花期可由25天延长至100天左右；丁香开花后，如不是为了采收种子也需摘除幼果，以利来年依旧繁花。

（7）断根。在移栽大树或山林实生树时，为提高成活率，往往在移栽前1～2年进行断根，以回缩根系、刺激发生新的须根，有利于移植。进入衰老期的树木，结合施肥在一定范围内切断树木根系的断根措施，有促发新根、更新复壮的效用。

（8）放。营养枝不剪称为放，也称长放或甩放，适宜于长势中等的枝条。长放的枝条留芽多，抽生的枝条也相对增多，可缓和树势，促进花芽分化。丛生灌木也常应用此措施，如连翘，在树冠的上方往往甩放3～4根长枝，形成潇洒飘逸的树形，长枝随风摇曳，观赏效果极佳。

7.修剪技术

1）剪口和剪口芽的处理

疏截修剪造成的伤口称为剪口，距离剪口最近的芽称为剪口芽。剪口方式和剪口芽的质量对枝条的抽生能力和长势有影响。

（1）剪口方式。剪口的斜切面应与芽的方向相反，其上端略高于芽端上方0.5cm，下端与芽之腰部相齐，剪口面积小而易愈合，有利于芽体的生长发育（图4-9，图4-10）。

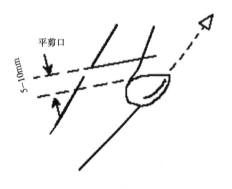

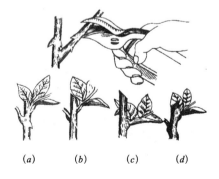

图4-9 剪口方式（左）

图4-10 月季修剪留芽位置（右）
（a）切品不齐；
（b）切口过低；
（c）切口过高；
（d）适当

（2）剪口芽的处理。剪口芽的方向、质量决定萌发新梢的生长方向和生长状况，剪口芽的选择，要考虑树冠内枝条的分布状况和对新枝长势的期望。背上芽易发强旺枝，背下芽发枝中庸；剪口芽留在枝条外侧可向外扩张树冠，而剪口芽方向朝内则可填补内膛空位。为抑制生长过旺的枝条，应选留弱芽为剪口芽；而欲弱枝转强，剪口则需选留饱满的背上壮芽。

2）大枝剪截

整形修剪中，在移栽大树、恢复树势、防风雪危害以及病虫枝处理时，经常需对一些大型的骨干枝进行锯截，操作时应格外注意锯口的位置以及锯截的步骤。

（1）截口位置。选择准确的锯截位置及操作方法是大枝修剪作业中最为重要的环节，因其不仅影响到剪口的大小及愈合过程，更会影响到树木修剪后的生长状况。错误的修剪技术会造成创面过大、愈合缓慢、创口长期暴露、腐烂易导致病虫害寄生，进而影响整棵树木的健康。截口既不能紧贴树干，也不应留有较长的枝桩，正确的位置是贴近树干但不超过侧枝基部的树皮隆脊部分与枝条基部的环痕。该法的主要优点是保留了枝条基部环痕以内的保护带，如果发生病菌感染，可使其局限在被截枝的环痕组织内而不会向纵深处进一步扩大。截口位置的正确处理方法为：

①当枝基隆脊(左 A)及枝环痕(左B)能清楚见到，则在隆脊与环痕连线(图中 A—B) 外侧截枝 (图 4—11 左)。

②如果枝基的隆脊不很清楚或要作进一步的确认，可如图 4—11 的中图所示方法估测：即在侧枝基部隆脊处 A 设一与欲截枝平行的直线 A—B 及与枝基隆脊线一致的直线 A—C，在欲截枝上设 A—E 线使角 EAC 等于角 CAB，则可确定 A—E 为正确的截口位置；或可在枝基隆脊 A 点作一垂线 A—D，截口 AE 的位置应使角 EAD 等于角 DAC （图 4—11 中）。

③先从枝基隆脊处 （右 A），设欲截枝的垂直线 A–B 及枝基隆脊线 A—D，然后平分该两线的夹角 BAD，平分线 A—C 即为正确的截口位置 （图 4—11 右）。

研究表明，在截枝时应注意保护枝基的隆脊不受损伤，如果基部有明显的隆起环痕也应避免损伤，否则伤口的愈合会受影响。

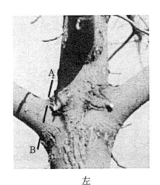

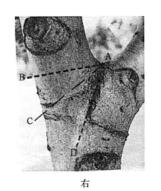

左　　　　　　　　中　　　　　　　　右

图 4—11　大枝截断时
截口位置的确定
（引自 Arboriculture）

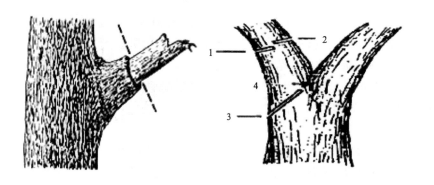

图 4-12　枯死枝的截口位置（左）
图 4-13　大枝锯截步骤（右）

④枯死枝的截口位置。枯死枝的修剪，截口位置应在其基部隆起的愈伤组织外侧（图 4-12）。

（2）锯截步骤。对直径在 10cm 以下的大枝进行剪截，首先在距截口10～15cm 处锯掉枝干的大部分，然后再将留下的残桩在截口处自上而下稍倾斜削正。若疏除直径在 10cm 以上的大枝时（图 4-13），应首先在距截口 10cm 处自下而上锯一浅伤口（深达枝干直径的 $\frac{1}{3}$～$\frac{1}{2}$）（图 4-13 中 1），然后在距此伤口 5cm 处自上而下将枝干的大部分锯掉（图 4-13 中 2），最后在靠近树干的截口处自上而下锯掉残桩（图 4-13 中 3），并用利刀将截口修整光滑（图4-13 中 4），涂保护剂或用塑料布包扎。

8. 修剪质量要求

苗木修剪前，应制定修剪技术方案，按技术方案进行修剪。应在保证苗木成活的前提下，兼顾景观效果。修剪后苗木规格达到设计要求，全冠移植苗木以疏枝和摘叶为主，不可短截大枝，应注意保持自然完整的树形。

无病枝、枯死枝、影响冠形整齐的徒长枝、嫁接砧木萌蘖枝。无劈裂根、劈裂枝、剪口平滑。落叶树修剪时，剪口应与枝干平齐，不留橛。枝条短截时，剪口应位于留芽上方 0.5cm 处，剪口芽的方向就是未来新枝伸展方向。常绿针叶树疏剪，剪口下留 1～2cm 的橛。回缩和短截劈裂枝时，应剪至分生枝处。正确处理剪口和伤口。

9. 修剪安全要求

应选有修剪技术经验的工人或经过培训的人员上岗操作。使用电动机械一定认真阅读说明书，严格遵守使用此机械应注意的事项，按要求进行操作。不用作业情况下，应配有相应的工具，修剪前，应对工具做认真检查，严禁高空修剪机械设备带病作业。高枝剪要绑扎牢固，防止脱落伤人。修剪时一定要注意安全，树梯要制作牢固，不松动。梯子要放稳，支撑牢固后可上树作业。修大树时要佩戴安全帽，系牢安全带后方可上树。5 级以上大风时，应立即停止作业。修剪行道树要派专人维护施工现场，注意过往车辆和行人安全，以免树枝或修剪工具掉落时砸伤行人或车辆。在高压线和其他架空线路附近进行修剪作业时，必须遵守有关安全规定，严防触电或损伤电线。修剪时不准拿着修剪工具随意打逗，以免发生意外。

三、任务评价

具体任务评价见表4—1。

任务评价表 表4—1

评价等级	评价内容及标准
优秀（90～100分）	不需要他人指导，正确使用修剪工具、熟练掌握各种修剪技术、能根据具体情况，选择正确的修剪手法，剪口平整整齐、枝条剪截不留差
良好（80～89分）	不需要他人指导，正确使用修剪工具、熟练掌握各种修剪技术、能根据具体情况，选择正确的修剪手法，剪口平整整齐
中等（70～79分）	在他人指导下，正确使用修剪工具、熟练掌握各种修剪技术、能根据具体情况，选择正确的修剪手法，剪口平整整齐
及格（60～69分）	在他人指导下，正确使用修剪工具、熟练掌握各种修剪技术、能根据具体情况，选择正确的修剪手法

四、课后思考与练习

(1) 园林植物整形修剪的方式有哪些？

(2) 园林植物整形修剪的手法有哪些？

(3) 园林植物整形修剪程序是怎样的？

五、知识与技能链接

1. 树木生长发育习性与植物修剪

(1) 发枝能力。整形修剪的强度与频度，不仅与树木栽培的目的有关，更是取决于树木萌芽发枝能力的强弱。如悬铃木、大叶黄杨、女贞、圆柏等具有很强萌芽发枝能力的树种，性耐重剪，可多次修剪；而梧桐、桂花、玉兰等萌芽发枝力较弱的树种，则应少修剪或只做轻度修剪。

(2) 分枝特性。对于主轴分枝的树种，修剪时要注意控制侧枝、剪除竞争枝、促进主枝的发育，如钻天杨、毛白杨、银杏等树冠呈尖塔形或圆锥形的乔木，顶端生长势强，具有明显的主干，适合采用保留中央领导干的整形方式。而具有合轴分枝的树种，易形成几个势力相当的侧枝，呈现多叉树干，如为培养主干可采用摘除其他侧枝的顶芽来削弱其顶端优势，或将顶枝短截剪口留壮芽，同时疏去剪口下3～4个侧枝促其加速生长。具有假二叉分枝（二歧分枝）的树种，由于树干顶梢在生长后期不能形成顶芽，下面的对生侧芽优势均衡影响主干的形成，可采用剥除其中一个芽的方法来培养主干。对于具有多歧分枝的树种，则可采用抹芽法或用短截主枝方法重新培养中心主枝。

修剪中应充分了解各类分枝的特性，注意各类枝之间的平衡。如强主枝具有较多的新梢，叶面积大具较强的合成有机养分的能力，进而促使其生长更加粗壮；反之，弱主枝则因新梢少、营养条件差而生长愈渐衰弱。欲借修剪来平衡各枝间的生长势，应掌握强主枝强剪、弱主枝弱剪的原则。

侧枝是构成树冠、形成叶幕、开花结实的基础，其生长过强或过弱均不易形成花芽，应分别掌握修剪的强度。如对强侧枝弱剪，目的是促使侧芽萌发、增加分枝、缓和生长势，促进花芽的形成，而花果的生长发育又进一步抑制侧枝的生长；对弱侧枝强剪，可使养分高度集中，并借顶端优势的刺激而抽生强壮的枝条，获得促进侧枝生长的效果。

（3）树龄及生长发育时期。幼树修剪，为了尽快形成良好的树体结构，应对各级骨干枝的延长枝进行重短截，促进营养生长；为提早开花，对骨干枝以外的其他枝条应以轻短截为主，促进花芽分化。成年期树木，正处于成熟生长阶段，整形修剪的目的在于调节生长与开花结果的矛盾，保持健壮完美的树形，稳定丰花硕果的状态，延缓衰老阶段的到来。衰老期树木，其生长势衰弱，树冠处于向心生长更新阶段，修剪主要以重短截为主，以激发更新复壮活力，恢复生长势，但修剪强度应控制得当；此期，对萌蘖枝、徒长枝的合理有效利用，具重要意义。

2．整形修剪的依据

（1）服从树木景观配置要求。

不同的景观配置要求有各自的整形修剪方式。如槐树，作行道树栽植一般修剪成杯状形，做庭荫树用则采用自然式整形。桧柏，作孤植树配置应尽量保持自然树冠，做绿篱树栽植则一般进行强度修剪、规则式整形。榆叶梅，栽植在草坪上宜采用丛状扁球形，配置在路边则采用有主干圆头形。

（2）遵循树木生长发育习性。

树种间的不同生长发育习性，要求采用相应的整形修剪方式。如桂花、榆叶梅、毛樱桃等顶端生长势不太强，但发枝力强、易形成丛状树冠的树种，可采用圆球形、半球形整冠；对于香樟、广玉兰、榉树等大型乔木树种，则主要采用自然式树冠观型。对于桃、梅、杏等喜光树种，为避免内膛秃裸、花果外移，通常需采用自然开心形的整形修剪方式。

（3）根据栽培的生态环境条件。

树木在生长过程中总是不断地协调自身各部分的生长平衡，以适应外部生态环境的变化。针对树木的光照条件及生长空间，通过修剪来调整有效叶片的数量、控制大小适当的树冠，培养出良好的冠形与干体。生长空间较大时，在不影响周围配置的情况下，可开张枝干角度，最大限度地扩大树冠；如果生长空间较小，则应通过修剪控制树木的体量，以防过分拥挤，有碍观赏、生长。对于生长在风口逆境条件下的树木，应采用低干矮冠的整形修剪方式，并适当疏剪枝条，保持良好的透风结构，增强树体的抗风能力。

任务二　行道树、庭荫树的整形修剪

学习情境：项目经理布置行道树和庭荫树修剪任务，小王带领工人领取修剪工具，进行了行道树和庭荫树修剪培训后，分组对校园内的行道树和庭荫树进行修剪。

一、任务内容和要求

完成校园内行道树和庭荫树的修剪，使其形成更符合要求的树形和稳固的树体结构。要求修剪人员掌握行道树的常规修剪技术，明确修剪各环节技术要点，掌握修剪原则和修剪方法，能对常见行道树进行针对性修剪。

二、任务实施

1. 了解行道树修剪要求

（1）行道树要求分枝点高 2.5 ～ 3.5m，主枝是呈斜上生长，下垂枝一定保持在 2.5m 以上。郊区道路行道树分枝点可以略高些，高大乔木分枝点可提高到 4m，同一条街的分枝点必须整齐一致。

（2）为解决和架空线的矛盾，可采用杯状形整形修剪，可避开架空线，每年除冬季修剪外，夏季随时剪去触碰电线的枝条。枝梢与电话线相对距离 1m，与高压线、变压设备相对距离 1.5m。在交通路口 30m 范围内的树冠不能遮挡交通信号灯。一般采用以下几种措施：降低树冠高度、使线路在树冠的上方通过；修剪树冠的一侧，让线路能从其侧旁通过；修剪树冠内膛的枝干，使线路能从树冠中间通过；或使线路从树冠下侧通过（图 4-14）。

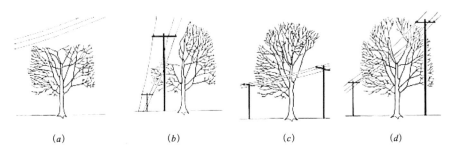

（a）　　　　　（b）　　　　　（c）　　　　　（d）

图 4-14　行道树修剪
与上方线路的关系
（a）树冠上部修剪；
（b）树冠一侧修剪；
（c）树冠下侧修剪；
（d）树冠中间部分修剪

（3）对于偏冠的行道树，重剪倾斜方向枝条，对另一方轻剪以调整树势。行道树修剪，还要随时剪掉干枯枝、病虫枝、细弱枝、交叉枝、重叠枝。对于过长枝的壮芽处短截；徒长枝一般疏除，如果周围有空间可采取轻短截的方法促发二次枝，弥补空间。

（4）清理：修剪下的枝条及时集中运走，保证环境整洁。枝条要求及时处理，如粉碎、堆肥，对病虫危害枝叶应集中销毁，避免病虫蔓延。及时清理现场，做到文明施工。

（5）保护：直径超过 4cm 以上的剪锯口，应用刀削平，涂抹防腐剂促进伤口愈合。锯除大树枝时应注意保护皮脊。

2. 行道树的主要造型修剪

（1）杯状形修剪。悬铃木、火炬树、榆树、槐树、白蜡等无主轴或顶芽能自剪，多为杯状修剪，杯状形（图 4-15）行道树具有典型的"三叉六股十二枝"的骨架。枝下高 2.5 ～ 4m，定干后，选留 3 个方向合适（相邻主枝间角度呈 120，与主干约呈 45）的主枝。再于各主枝的两侧各选留 2 个近于同一平面的斜生枝，然后同样再在各二级枝上选留 2 个枝，这个过程要分数年完成，才可形成杯状形树冠。骨架构成后，树冠很快扩大，疏去密生枝、直立枝，促发侧生枝，内膛枝可适当保留，增加遮阴效果。

上方有架空线路的，切勿使枝与线路触及，一定要保持安全距离。离建筑物较近的行道树，为防止枝条扫瓦、堵门、堵窗，影响室内采光和安全，应随时对过长枝条进行短截或疏枝。生长期内要经常进行除萌，冬季修剪时主要疏除交叉枝、并生枝、下垂枝、枯枝、伤残枝及背上直立枝等。

以二球悬铃木为例，在树干 2.5～4m 处截干，萌发后选 3～5 个方向不同、分布均匀、与主干成 45° 夹角的枝条作主枝，其余分期剪除。当年冬季或第二年早春修剪时，将主枝在 80～100cm 处短截，剪口芽留在侧面，并处于同一水平面上，使其匀称生长；第二年夏季再抹芽和疏枝。幼年时顶端优势较强，侧生或背下着生的枝条容易转成直立生长，为确保剪口芽侧向斜上生长，修剪时可暂时保留背生直立枝。第二年冬季或第三年早春，于主枝两侧发生的侧枝中选 1～2 个作延长枝，并在 80～100cm 处短截，剪口芽仍留在枝条侧面，疏除原暂时保留的直立枝。如此反复修剪，经 3～5 年后即可形成杯状形树冠。骨架构成后，树冠扩大很快，疏去密生枝、直立枝，促发侧生枝，增加遮阴效果。还可以根据具体情况，在每年冬季（或隔 1～2 年）剪去所有 1 级或 2 级侧枝以上的全部小枝，由于二球悬铃木发枝力强，在翌年即可形成一定大小的树冠与叶量，规范修剪的树形也十分整齐，具有良好的景观效果。国外有许多城市都采用此方法，我国在一些城市中（如安徽蚌埠市）也开始运用，并已获得成功，但因每年安排作业，经费保证尚有一定难度。

（2）开心形（图 4-16）修剪是杯状形的改进形式，不同处仅是分枝点相对杯状形低、内膛不空、三大主枝的分布有一定间隔，多用于无中央主轴或顶芽能自剪的树种，树冠自然开展。定植时，将主干留 2～2.5m，最高不超过 3m 截干；春季发芽后，选留 3～5 个不同方位、分布均匀的侧枝并进行短截，促使其形成主枝，余枝疏除。在生长季，注意对主枝进行抹芽，培养 3～5 个方向合适、分布均匀的侧枝；来年萌发后，每侧枝选留 3～5 枝短截，促发次

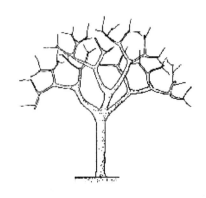

图 4-15 杯状形（左）
图 4-16 自然开心形
　　　　　（右）

级侧枝，形成丰满、匀称的冠形。

（3）自然式冠形修剪。在不妨碍交通和其他市政工程设施且有较大生长空间条件时，行道树多采用自然式整形方式，如塔形、伞形、卵球形等。

①有中央领导干的树木修剪，如银杏、水杉、侧柏、雪松、枫杨、毛白杨等的整形修剪，主要是选留好树冠最下部的 3～5 个主枝，一般要求枝间上下错开、方向匀称、角度适宜，并剪掉主枝上的基部侧枝。在养护管理过程中以疏剪为主，主要对象为枯死枝、病虫枝和过密枝等；注意保护主干顶梢，如果主干顶梢受损伤，应选直立向上生长的枝条或壮芽代替，培养主干，抹其下部侧芽，避免多头现象发生。

②无中央领导干的树木修剪，如旱柳、榆树等，在树冠最下部选留 5～6 个主枝，各层主枝间距要短，以利于自然长成卵球形的树冠。每年修剪的对象主要是枯死枝、病虫枝和伤残枝等。

3. 庭荫树的修剪

庭荫树的枝下高虽无固定要求，若依人在树下活动自由为限，以 2～3m 以上较为适宜；若树势强旺、树冠庞大，则以 3～4m 为好，能更好地发挥遮阴作用。一般认为，以遮阴为目的庭荫树，冠高比以 2/3 以上为宜。整形方式多采用自然形，培养健康、挺拔的树木姿态，在条件许可的情况下，每 1～2 年将过密枝、伤残枝、病枯枝及扰乱树形的枝条疏除一次，并对老、弱枝进行短截。需特殊整形的庭荫树可根据配置要求或环境条件进行修剪，以显现更佳的使用效果。

三、任务评价

具体任务评价见表 4-2。

任务评价表　　　　　　　　　　　　　　　　表4-2

评价等级	评价内容及标准
优秀（90～100分）	不需要他人指导，能独立完成行道树修剪，能正确分析枝条长势，能正确判断出哪些枝条需要剪除，对不同位置的枝条处理方式选择正确
良好（80～89分）	不需要他人指导，能独立完成行道树修剪，能正确分析枝条长势，能正确判断出哪些枝条需要剪除，对不同位置的枝条处理方式选择基本正确
中等（70～79分）	在他人指导下，能独立完成行道树修剪，能正确分析枝条长势，能正确判断出哪些枝条需要剪除，对不同位置的枝条处理方式选择基本正确
及格（60～69分）	在他人指导下，能独立完成行道树修剪，能正确分析枝条长势，能正确判断出哪些枝条需要剪除，对不同位置的枝条不能正确选择处理方式

四、课后思考与练习

（1）行道树修剪一般枝下高是多少？

（2）行道树修剪常见的造型有哪些？

（3）开心形修剪有什么要求？

（4）收集当地城市绿化中行道树修剪形式的图片。

五、知识与技能链接

常见乔木的整形修剪技术：

（1）雪松。保持中央领导干向上生长的优势，主干头部受损坏，可换头。若主干出现竞争枝，应留强壮的为中央领导干，另一个短截回缩第二年去掉。去下垂枝，留平斜向上枝，回缩修剪下部的重叠枝、平行枝、过密枝。侧枝在主干上应分层排列，每层 4 ～ 6 个向不同方向伸展，层间距在 50cm 左右，同一层的侧枝其长势必须平衡，在平衡树势时对生长过强的侧枝可进行回缩剪截。

（2）白蜡。主要采用高主干的自然开心形，在分支点以上选留 3 ～ 5 个健壮的主枝，主枝上培养各级侧枝逐渐使树冠扩大。

（3）悬铃木。以自然树形为主，注意培养均匀树冠。行道树要保留直立性领导干，使各枝条分布均匀，保证树冠周正，常见有杯状形和自然直干形（图4-17）；步行道内树枝不能影响行人步行时正常的视觉范围，非机动车道内也要注意枝叶离地面的距离，要注意夏季修剪及时除蘗。

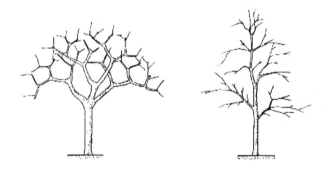

图 4-17 悬铃木整形
修剪（左：杯状形，
右：自然直干形）

（4）栾树。冬季进行疏枝短截，使每个主枝上的侧枝分布均匀、方向合理，短截 2 ～ 3 个侧枝，其余全部剪掉，短截长度 60cm 左右，这样 3 年时间可以形成球形树冠。每年冬季修剪掉干枯枝、病虫枝、交叉枝、细弱枝、密生枝。如果主枝过长要及时修剪，对于主枝背上的直立徒长枝要从基部剪掉，保留主枝两侧一些小枝。

（5）女贞。定干后，以促进中心主枝旺盛生长、形成强大主干的修剪方式为主。对竞争枝、徒长枝、直立枝进行有目的地修剪，同时挑选适宜位置的枝条作为主枝进行短截，短截要从下而上逐个缩短，使树冠下大上小。经过 3 ～ 5 年可以每年只对下垂枝、枯死枝、病虫枝进行常规修剪，其他枝条任其自然生长。

（6）广玉兰。修剪过于水平或下垂的主枝，维持枝间平衡关系。夏季随时剪除根部萌蘗枝，各轮主枝数量减少 1 ～ 2 个。主干上第一轮主枝剪去朝上枝，主枝顶端附近的新枝注意摘心，降低该轮主枝及附近枝对中心主枝的竞争力。对于枯死枝、下垂衰老枝、病虫枝等要随时修剪。

（7）龙爪槐。要注意培养均匀树冠，夏季新梢长到向下延伸的长度时，及时剪梢或摘心，剪口留上芽使树冠向外扩展，夏季还要注意剥除砧木上的萌芽，尤其要剪除砧木顶端的直立枝。冬季以短截为主，适当结合疏剪，在枝条拱起部位短截剪口芽，选择向上、向外的芽以扩大树冠。对于枯死枝、下垂衰老枝、病虫枝等要随时修剪。

（8）樱花。多采用自然开心形，定干后选留一个健壮主枝。春季萌芽前短截促生分枝扩大树冠，以后在主枝上选留 3～4 个侧枝，对侧枝上的延长枝每年进行短截，使下部多生中、长枝。侧枝上的中长枝以疏剪为主，留下的枝条可以缓放不剪，使中下部产生短枝开花。每年要对内膛细枝、病枯枝疏剪，改善通风透光条件。

（9）碧桃。多采用自然开心形，主枝 3～5 个，在主干上呈放射状斜生，利用摘心和短截的方法修剪主枝，培养各级侧枝形成开花枝组，一般以发育中等的长枝开花最好，应尽量保留使其多开花。但在花后，一定要短截长花枝留 8～12 个芽，中花枝留 5～6 个芽，短花枝留 3～4 个芽。注意剪口留叶芽，花束枝上无侧生叶芽的不要短截，过密的可以疏掉。树冠不宜过大，成年后要注意回缩修剪，控制均衡各级枝的长势。对于枯死枝、下垂衰老枝、病虫枝等要随时修剪。

（10）西府海棠。在主干上选留 3～5 个主枝，其余的枝条全剪掉，主枝上留外芽和侧芽以培养侧枝，而后逐年逐级培养各级侧枝，使树冠不断扩大。同时对无利用价值的长枝重短截，以利形成中短枝形成花芽。成年树修剪时应注意剪除过密枝、病虫枝、交叉枝、重叠枝、枯死枝；对徒长枝疏除或重短截，培养成枝组；对细弱的枝组，要及时进行回缩复壮。对于枯死枝、下垂衰老枝、病虫枝等要随时修剪。

任务三　花灌木整形修剪

学习情境：技术员小王带领大家领取修剪工具，并进行了详细的花灌木修剪的培训，带领大家分组对校园内的花灌木进行修剪。

一、任务内容和要求

完成校园内花灌木的整形修剪，了解植物习性和花芽的性质，对不同类型花灌木采取适合的修剪方法。

二、任务实施

1. 花灌木修剪的要求

（1）花灌木造型修剪应使树形内高外低，形成自然丰满的圆头形或半圆形树形。

（2）花灌木内膛小枝应适量疏剪，强壮枝应进行适当短截，下垂细弱枝及地表萌生的地蘖应彻底疏除。

（3）栽种多年的丛生灌木应逐年更新衰老枝，疏剪内膛密生枝，培育新枝。

栽植多年的有主干的灌木，每年应采取交替回缩主枝控制树冠的剪法，防止树势上强下弱。

（4）生长于树冠外的徒长枝，应及时疏除或早短截，促生二次枝。

（5）花落后形成的残花、残果，若无观赏价值或其他需要的宜尽早剪除。

（6）成片栽植的灌木丛，修剪时应形成中间高四周低或前面低后面高的丛形。

（7）多品种栽植的灌木丛，修剪时应突出主栽品种，并留出适当生长空间。

（8）造型的灌木修剪应保持外形轮廓清楚，外缘枝叶紧密。

2. 各类花灌木的修剪

1）观花类花灌木整形修剪

（1）因树势修剪。幼树生长旺盛宜轻剪，以整形为主，尽量用轻短截，避免直立枝、徒长枝大量发生，造成树冠密闭，影响通风透光和花芽的形成；斜生枝的上位芽在冬剪时剥除，防止直立枝发生；一切病虫枝、干枯枝、伤残枝、徒长枝等应疏剪除去；丛生花灌木的直立枝，选择生长健壮的加以摘心，促其早开花。壮年树木的修剪以充分利用立体空间、促使花枝形成为目的。休眠期修剪，疏除部分老枝，选留部分根蘖，以保证枝条不断更新，适当短截秋梢，保持树形丰满。老弱树以更新复壮为主，采用重短截的方法，齐地面留桩刈除，焕发新枝。

（2）因时修剪。落叶灌木的休眠期修剪，一般以早春为宜，一些抗寒性弱的树种可适当延迟修剪时间。生长季修剪在落花后进行，以早为宜，有利控制营养枝的生长，增加全株光照，促进花芽分化。对于直立徒长枝，可根据生长空间的大小，采用摘心办法培养二次分枝，增加开花枝的数量。

（3）根据树木生长习性和开花习性进行修剪。

①春花树种，如连翘、榆叶梅、碧桃、迎春、牡丹等先花后叶树种，其花芽着生在一年生枝条上，修剪在花残后、叶芽开始膨大尚未萌发时进行。修剪方法因花芽类型（纯花芽或混合芽）而异，如连翘、榆叶梅、碧桃、迎春等可在开花枝条基部留2～4个饱满芽进行短截；牡丹则仅将残花剪除即可。

②夏秋花树种，如紫薇、木槿、珍珠梅等，花芽在当年萌发枝上形成，修剪应在休眠期进行；在冬季寒冷、春季干旱的北方地区，宜推迟到早春气温回升即将萌芽时进行。在二年生枝基部留2～3个饱满芽重剪，可萌发出茁壮的枝条，虽然花枝会少些，但由于营养集中会产生较大的花朵。对于一年开两次花的灌木，可在花后将残花及其下方的2～3芽剪除，刺激二次枝条的发生，适当增加肥水则可二次开花。

③花芽着生在二年生和多年生枝上的树种，如紫荆、贴梗海棠等，花芽大部分着生在二年生枝上，但当营养条件适合时，多年生的老干亦可分化花芽。这类树种修剪量较小，一般在早春将枝条先端枯干部分剪除；生长季节进行摘心，抑制营养生长，促进花芽分化。

④花芽着生在开花短枝上的树种，如西府海棠等，早期生长势较强，每年自基部发生多数萌芽，主枝上亦有大量直立枝发生，进入开花龄后，多数枝条形成开花短枝，连年开花。这类灌木修剪量很小，一般在花后剪除残花，夏季修剪对生长旺枝适当摘心、抑制生长，并疏剪过多的直立枝、徒长枝。

⑤一年多次抽梢、多次开花的树种，如月季，可于休眠期短截当年生枝条或回缩强枝，疏除交叉枝、病虫枝、纤弱枝及过密枝；寒冷地区可行重短截，必要时进行埋土防寒。生长季修剪，通常在花后于花梗下方第2~3芽处短截，剪口芽萌发抽梢开花，花谢后再剪，如此重复。

2）观果类花灌木整形修剪

其修剪时间、方法与早春开花的种类基本相同，生长季中要注意疏除过密枝，以利通风透光、减少病虫害、增强果实着色力、提高观赏效果；在夏季，多采用环剥、疏花疏果等技术措施，以增加挂果数量和单果重量。

3）观枝类花灌木整形修剪

为延长冬季观赏期，修剪多在早春萌芽前进行。对于嫩枝鲜艳、观赏价值高的种类，需每年重短截以促发新枝，适时疏除老干促进树冠更新。

4）观形类花灌木整形修剪

修剪方式因树种而异。对垂枝桃、垂枝梅、龙爪槐短截时，去除树冠上的病枯枝、过密枝、高出冠顶的异形枝、嫁接砧木上的萌蘖枝、内膛的下垂枝。对重叠枝、交叉枝、平行枝，进行选择性的修剪，所留主枝尽量分布均匀。短截主、侧枝，每个主枝上的侧枝安排要错落相间，其长度不得超过所属主枝。短截时，主枝注意剪口芽的方向，应选拱形枝最高点上方芽为剪口芽，在芽前1cm处行短截。对因病虫害或枝干损伤而造成偏冠的，修剪时应选空膛方向拱形枝的斜上方侧芽为剪口芽，以利新枝延伸填补空间，形成丰满圆整的伞形树冠。

5）观叶类花灌木整形修剪

以自然整形为主，一般只进行常规修剪，部分树种可结合造型需要修剪。红枫的夏季叶易枯焦，景观效果大为下降，可行集中摘叶措施，逼发新叶，再度红艳动人。

3. 花灌木修剪注意事项

（1）当年生枝条开花灌木，如：紫薇、木槿、月季、珍珠梅等，休眠期修剪时，为控制树木高度，对于生长健壮枝条应在保留3~5个芽处短截，促发新枝。一年可数次开花灌木如月季、珍珠梅、紫薇等，花落后应及时剪去残花，促使再次开花。

（2）隔年生枝条开花的灌木，如：碧桃、榆叶梅、连翘、紫珠、丁香、黄刺玫等，休眠期适当整形修剪，生长季花落后10~15天将已开花枝条进行中或重短截，疏剪过密枝，以利来年促生健壮新枝。

（3）多年生枝条开花灌木，如：紫荆、贴梗海棠等，应注意培育和保护老枝，剪除干扰树形并影响通风透光的过密枝、弱枝、枯枝或病虫枝。

三、任务评价

具体任务评价见表4-3。

任务评价表

表4-3

评价等级	评价内容及标准
优秀（90～100分）	不需要他人指导，能独立完成花灌木修剪，能正确分析枝条长势，能正确判断出哪些枝条需要剪除，对不同位置的枝条处理方式选择正确
良好（80～89分）	不需要他人指导，能独立完成花灌木修剪，能正确分析枝条长势，能正确判断出哪些枝条需要剪除，对不同位置的枝条处理方式选择基本正确
中等（70～79分）	在他人指导下，能独立完成花灌木修剪，能正确分析枝条长势，能正确判断出哪些枝条需要剪除，对不同位置的枝条处理方式选择基本正确
及格（60～69分）	在他人指导下，能独立完成花灌木修剪，能正确分析枝条长势，能正确判断出哪些枝条需要剪除，对不同位置的枝条不能正确选择处理方式

四、课后思考与练习

(1) 开花类和观枝条类花灌木在修剪时有什么区别？

(2) 观形类花灌木常用修剪手法有哪些？

(3) 简述花灌木修剪注意问题。

五、知识与技能链接

1）花芽的着生部位、花芽性质和开花习性

观花类以观花为主要目的的整形修剪，必须考虑苗木的开花习性、着花部位及花芽的性质。不同树种的花芽着生部位有异，有的着生于枝条的中下部、有的喜生于枝梢顶部；花芽性质，有的是纯花芽，有的为混合芽；开花习性，有的是先花后叶，有的为先叶后花。所有这些性状特点，在花、果木的整形修剪时，都需要给予充分的考虑。

如春季开花的树木，花芽着生在一年生枝的顶端或叶腋，其分化过程通常在上一年的夏、秋进行，修剪应在秋季落叶后至早春萌芽前进行，但在冬寒或春旱的地区，修剪应推迟至早春气温回升、芽即将萌动时进行。夏秋开花的种类，花芽在当年抽生的新梢上形成，在一年生枝基部保留3～4个（对）饱满芽短截，剪后可萌发出茁壮的枝条，虽然花枝可能会少些，但由于营养集中能开出较大的花朵。对于当年开两次花的树木，可在第一次花后将残花剪除，同时加强肥水管理，促使二次开花。对玉兰、厚朴、木绣球等具顶生花芽的树种，除非为了更新枝势，否则不能在休眠期或者在花前进行短截；对榆叶梅、桃花、樱花等具腋生花芽的树种，可视具体情况在花前短截；而连翘、桃等具腋生纯花芽的树种，剪口芽不能是花芽，否则花后会留下一段枯枝，影响树体生长；对于观果树木，幼果附近必须有一定数量的叶片作为有机营养的供体，否则花后不能正常坐果，落果严重。

2）常见花灌木修剪技术

(1) 紫荆。每年秋季落叶后，应修剪过密过细枝条，促进花芽分化，保证来年花繁叶茂。花后对树丛中的强壮枝摘心、剪梢要留外侧芽，避免夏季修剪，紫荆可在三四年生老枝上开花。

（2）紫薇。可以对树形不好的植株剪掉重发，新发的树冠长势旺盛整齐，落叶后对枝条分布进行调整，使树冠匀称美观。生长季节对第一次花后的枝条进行短截可以促成二次开花。

（3）丁香。选4～5个强壮主枝错落分布，短截主枝留侧芽，并将对生的另一个芽剥掉，过密的枝可以早一些疏掉。花后剪去前一年枝留下的二次枝，花芽可以从该枝先端长出。

（4）木槿。木槿2～3年生老枝仍可发育花芽、开花可以剪去先端留10cm左右，多年生老树需重剪复壮。如需要低矮树冠可以进行整体的立枝短截，粗大枝也可短剪重新发枝成形。

（5）石榴。隐芽萌发力非常强，一旦经过重修剪刺激就会萌发隐芽。对衰老枝条的更新比较容易，修剪要注意去掉对生芽中的一个，注意及时除掉萌蘖、徒长枝、过密枝以及衰老枯萎枝条。夏季对需要保留的当年生枝条，摘心处理促使生长充实，冬季将各主枝剪掉1/3或1/2以扩张树冠。

（6）红瑞木。落叶后适当修剪保持良好树形，生长季节摘除顶心，促进侧枝形成，过老的枝条要注意更新，可以在秋季将基部留1～2芽，其余全部剪去。第二年可萌发新枝，4月进行整形修剪为宜，因为这时萌芽力强可长出新枝。夏季应摘心防止徒长。

（7）贴梗海棠。在幼时不强剪，在成形后要注意对小侧枝的修剪，使基部隐芽逐渐得以萌发成枝，使花枝离侧枝近。若想扩大树冠，可以将侧枝先端剪去，留1～2个长枝，待长到一定长度后再短截，直到达到要求大小，对生长5～6年的枝条可进行更新复壮。

（8）榆叶梅。花后应将花枝进行适度短截，剪去残花枝，对纤细的弱枝、病虫枝、徒长枝进行疏剪或短截，每3～5年对多年生老枝应进行疏剪以更新复壮。

（9）金银木。花后短截开花枝促发新枝及花芽分化，秋季落叶后适当疏剪整形。经3～5年，利用徒长枝或萌蘖枝进行重剪长出新枝代替老枝。

（10）锦带花。花开于1～2年生枝上，在早春修剪时只需剪去枯枝和老弱枝条，不需短剪。3年以上老枝剪去促进新枝生长。

（11）连翘。连翘花后至花芽分化前应及时修剪，去除弱、乱枝及徒长枝，使营养集中供给花枝。秋后剪除过密枝，适当剪去花芽少、生长衰老的枝条。每3～5年应对老枝进行疏剪更新复壮1次。对于整形苗木可以根据整形需要进行修剪。

任务四　绿篱植物的整形修剪

学习情境：项目经理布置任务，领取修剪工具，分组对校园内的绿篱进行修剪。

一、任务内容和要求

绿篱又称植篱、生篱，由萌枝力强、耐修剪的树种呈密集带状栽植，起防范、界限、分隔和模纹观赏的作用，其修剪时期和方式，因树种特性和绿篱功能而异。绿篱修剪要清楚修剪的高度，以及不同绿篱修剪的标准。

二、任务实施

1. 高度修剪

绿篱的高度依其防范对象来决定，有绿墙（160cm以上）、高篱（120～160cm）、中篱（50～120cm）和矮篱（50cm以下）。对绿篱进行高度修剪，一是为了整齐美观，二是为使篱体生长茂盛，长久保持设计的效果。

2. 绿篱的整形修剪

（1）自然式修剪，多用于绿墙或高篱，顶部修剪多放任自然，仅疏除病虫枝、枯死枝，对徒长枝及影响篱冠整齐的枝条进行适当短截或疏剪，并适当控制高度。

（2）整形式修剪，多用于中篱和矮篱。一般整形式绿篱修剪时，根据修剪高度应在绿篱两端设立木桩，水平拉线进行篱面的修剪。先用太平剪或绿篱修剪机将篱壁剪成下宽上窄的斜面或上下宽度相同的立面，再按要求高度将顶部剪平，使之成梯形或矩形。同时剪除篱内的病枯枝、过密枝、细弱枝。草地、花坛的镶边或组织人流走向的矮篱，多采用几何图案式的整形修剪，一般剪掉苗高的1/3～1/2；为使尽量降低分枝高度、多发分枝、提早郁闭，可在生长季内对新梢进行2～3次修剪，如此绿篱下部分枝匀称、稠密，上部枝冠密接成形。绿篱造型有几何形体、建筑图案等，从其修剪后的断面划分，主要有半圆形、梯形和矩形等。

中篱大多为半圆形、梯形断面，整形时先剪其两侧，使其侧面成为一个弧面或斜面，再修剪顶部呈弧面或平面，整个断面呈半圆形或梯形。由于符合自然树冠上大下小的规律，篱体生长发育正常，枝叶茂盛，美观的外形容易维持。

矩形断面较适宜用于组字和图案式的矮篱，要求边缘棱角分明，界限清楚，篱带宽窄一致。由于每年修剪次数较多，枝条更新时间短，不易出现空秃，文字和图案的清晰效果容易保持。

3. 花果篱修剪

以栀子花、杜鹃花等花灌木栽植的花篱，冬剪时除去枯枝、病虫枝，夏剪在开花后进行中等强度修剪，稳定高度。对七姐妹、蔷薇等萌发力强的花篱，盛花后需重剪，以再度抽梢开花。以火棘、黄刺玫、刺梨等为材料栽植的刺果篱，一般采用自然整枝，仅在必要时进行老枝更新修剪。

4. 更新修剪

更新修剪是指通过强度修剪来更换绿篱大部分树冠的过程，一般需要三年。

第一年，首先疏除过多的老干。因为绿篱经过多年的生长，在内部萌生了许多主枝，加之每年短截而促生许多小枝，从而造成绿篱内部整体通风、透光不良，主枝下部的叶片枯萎脱落。因此，必须根据合理的密度要求疏除过多的老主枝，改善内部的通风透光条件。然后，短截主枝上的枝条，并对保留下来的主枝逐一回缩修剪，保留高度一般为30cm；对主枝下部所保留的侧枝，先行疏除过密枝，再回缩修剪，通常每枝留10～15cm长度即可。

常绿绿篱的更新修剪，以5月下旬至6月底进行为宜，落叶篱宜在休眠期进行，剪后要加强肥水管理和病虫害防治工作。对多年生常绿针叶绿篱，整形修剪后应用枝剪将主枝的剪口回缩至规定高度5～10cm以下，避免大枝剪口外露。

第二年，对新生枝条进行多次轻短截，促发分枝。

第三年，再将顶部剪至略低于所需要的高度，以后每年进行重复修剪。

对于萌芽能力较强的种类，可采用平茬的方法进行更新，仅保留一段很矮的主枝干。平茬后的植株，因根系强大、萌枝健壮，可在1～2年中形成绿篱的雏形，3年左右恢复成形。

三、任务评价

具体任务评价见表4-4。

<table>
<tr><th colspan="2">任务评价表</th><th style="text-align:right">表4-4</th></tr>
<tr><td>评价等级</td><td colspan="2">评价内容及标准</td></tr>
<tr><td>优秀（90～100分）</td><td colspan="2">不需要他人指导，能独立完成绿篱修剪，修剪整齐丰满、高度选取合适、能正确分析枝条长势，对不同位置的枝条处理方式选择正确</td></tr>
<tr><td>良好（80～89分）</td><td colspan="2">不需要他人指导，能独立完成绿篱修剪，修剪整齐丰满、高度选取合适、能正确分析枝条长势，对不同位置的枝条处理方式选择基本正确</td></tr>
<tr><td>中等（70～79分）</td><td colspan="2">在他人指导下，能独立完成绿篱修剪，修剪整齐丰满、高度选取合适、能正确分析枝条长势，对不同位置的枝条处理方式选择基本正确</td></tr>
<tr><td>及格（60～69分）</td><td colspan="2">在他人指导下，能独立完成绿篱修剪，整齐度不够</td></tr>
</table>

四、课后思考与练习

(1) 想通过修剪来进行绿篱的更新，应该怎样进行？

(2) 大片的模纹该怎样修剪？

五、知识与技能链接

常用绿篱树种的选择

绿篱树种应具备如下的基本性状要求：萌芽力强、耐修剪、枝叶稠密、基部不空、生长迅速、适应性强、病虫害少、易于管理、抗烟尘污染及对人畜无害。同时考虑绿篱的用途、目的、种植位置和绿篱种植地的立地条件。

(1) 小叶黄杨，黄杨科黄杨属，常绿灌木。枝叶茂密，叶片春季嫩绿，夏秋深绿，冬季红褐色，经冬不落。生长慢，萌芽力强，耐修剪，抗性强，是园林绿化主要树种和优良的绿篱树种。

(2) 大叶黄杨，卫矛科卫矛属，常绿灌木或小乔木。枝叶浓密，四季常青，浓绿光亮，极具观赏性。萌芽力极强，耐修剪整形，适应性强，生长慢，寿命长，较耐寒。对有毒气体抗性较强，抗烟尘能力也强，是污染区绿化的理想树种。

（3）金叶女贞，木犀科女贞属，落叶灌木。叶色金黄，色彩明快，萌芽力、根蘖力强，耐修剪，能形成较紧密树冠。适应性强，喜光，喜温暖湿润环境，但亦耐阴，耐寒冷，对多种有毒气体抗性强，被广泛应用于园林绿化中。

（4）紫叶小檗，小檗科小檗属，落叶灌木。枝丛生，幼枝紫红色或暗红色，老枝灰棕色或紫褐色。适应性强，喜阳，耐半阴，耐寒，但不畏炎热高温，耐修剪，是园林绿化中色块组合的重要树种。

（5）卫矛，卫矛科卫矛属，落叶灌木。小枝硬直而斜出，具2～4条木栓质阔翅，早春的嫩叶和秋天的叶片均呈紫红色。适应性强，能耐干旱瘠薄，对土壤要求不严，萌芽性强，耐修剪整形，对二氧化硫有较强抗性，尤其适用于厂矿区绿化。

（6）小蜡，木犀科女贞属，常绿灌木。喜光，稍耐阴，喜温暖湿润气候，较耐寒；对二氧化硫、氯气、氟化氢、氯化氢、二氧化碳等有害气体，抗性较强；对土壤要求不严，在湿润肥沃的微酸性土壤中生长快速，中性微碱性土壤亦能适应；因其适应性强，萌芽、萌枝力强、生长快速，耐修剪，所以宜作绿篱、绿墙配植，有隐蔽遮挡的作用。

（7）红花檵木，金缕梅科檵木属，常绿灌木。喜温暖向阳的环境和肥沃湿润的微酸性土壤。适应性强，耐寒、不耐瘠薄。在冬季较寒冷的地区，春季发的幼叶尤其鲜艳，近年应用广泛，是美化公园、庭院、道路的名贵观赏树种。应用于地被、绿篱、孤植、丛植或片植，效果较好。

（8）侧柏，柏科侧柏属，常绿乔木。幼时用作绿篱，叶、枝扁平，萌芽力强，耐修剪，适应干冷、温暖、湿润气候，耐瘠薄，耐寒，耐盐碱。抗烟尘，抗二氧化硫、氯化氢等有害气体。侧柏因四季常绿，树形多姿，美观、耐修剪、适应性强等特点，在园林绿化中被广泛应用。

（9）木槿，锦葵科木槿属，落叶灌木。树冠长圆形，枝条纤细繁多，质柔韧，枝叶繁茂，花期长达4个月。用木槿作篱，既可观叶，又可观花，为夏、秋季节重要花木。萌芽力强，耐修剪，易整形，喜光、耐寒、耐旱、耐湿、耐瘠薄。

（10）贴梗海棠，蔷薇科，落叶灌木。小枝开展，有刺，早春先叶开花，簇生枝间，花色艳丽，秋日果熟，黄色芳香，是良好的观花、观叶绿篱材料。喜光而稍耐阴，喜排水良好的肥沃壤土，耐瘠薄，但不宜在低洼积水处栽植。

（11）扶桑，锦葵科木槿属，常绿灌木。喜欢日照充足的环境，全日照最佳，稍耐阴，耐水湿也耐干旱，宜湿润肥沃土壤。朝开暮闭，花期盛长。萌芽力强，耐修剪，易整形，通过修剪控制高度，可作地被，也可作绿篱、庭院绿化造景。

（12）龙船花，茜草科龙船花属，常绿灌木。性喜高温、高湿、光照充足的气候条件。喜土层深厚，富含腐殖质且疏松、排水良好的酸性壤土。栽培地点宜选择冬季温暖的避风处，较耐荫蔽，畏寒冷。其枝叶直生性强，耐强修剪，通过修剪可形成理想、优美的树冠。性强健，花期长，生长慢，不必修剪或通过修剪控制高度作为地被使用，特别矮生种类是地被的好材料，属低维护性优良灌木。也适用于大型盆栽、花槽、绿篱或庭院绿化。

（13）夹竹桃，夹竹桃科夹竹桃属，常绿大灌木。喜光、喜温暖湿润气候，畏寒冷、耐旱力强，忌涝。对土壤适应性强，以肥沃、湿润的中性土壤生长最佳，性强健，耐修剪。对二氧化硫、氯气等有害气体抗性较强。适宜在水滨、湖畔、山麓、庭院、墙隅及篱边配植；也可在街头绿地、建筑前以及路边配植。耐烟尘、抗污染，是工矿区绿化的好树种。

（14）六月雪，茜草科六月雪属，常绿的矮生小灌木。性喜温暖湿润的气候条件及疏松肥沃、排水良好的土壤，中性及微酸性尤宜。抗寒力不强，萌芽力、分蘖力较强，耐修剪，亦易造型。耐于修剪成各种形状，故常用作绿篱。

5

项目五　园林植物的日常养护管理

项目背景：小王负责校园绿化养护工程，学校地处徐州市泉山风景区，占地1080亩，建筑面积38万 m^2，学校新老校区连片建设，校园环境优美，植物品种丰富，是江苏省花园式学校，学校对校园绿化养护要求较高。

任务一 园林植物养护工作月历制定

学习情境：公司派小王全面负责校园绿化养护工作，要组织好工人，出色完成这项任务，首先了解校园整体绿化情况，结合现场勘查为校园园林植物做一个量身打造的园林植物养护工作月历。

一、任务内容和要求

科学的绿化综合养护管理，应根据植物不同生长期、季节采取不同的养护管理措施。我国幅员辽阔，南北差异较大，各地养护管理措施的具体实施时间差异较大，但养护内容大致相同。了解校园植物种类、植物布置、植物生长状况、病虫害情况等，参考一般的园林植物养护管理措施，为校园植物制定园林植物养护管理工作月历。

二、任务实施

1. 绿化养护内容

绿化养护内容包括：修剪、中耕除草、施肥、灌水、排涝、病虫害防治、更新复壮、防寒、防风、加强树木支撑、问题苗木补救、草坪养护、保持绿地整洁等。

2. 制定园林绿化植物养护管理月历

结合校园绿化植物实际情况和绿地植物养护标准，制定园林植物养护管理工作月历（表5—1）。

徐州校园园林植物养护管理工作月历（参考）　　　　　　表5—1

月份	养护内容
一月	1. 做好树木的防寒、防霜工作。检查防寒设施的完好情况，发现破损立即修补。 2. 修剪树木，整理树形。落叶树：本着去弱留强的原则整理树形，及时疏剪掉过密枝、枯死枝、病虫枝等。松柏类：只剪干枯枝、折损枝、严重病虫枝，剪口要稍离主干，且不宜一次修剪过多，防止伤口过大，流胶过多，影响树势。 3. 清除积雪，防止雪压。雪后在树下堆雪，可防寒、防旱。但切忌堆放撒过盐水的雪，应在树木根部堆集不含杂质的雪。 4. 冬季是控制越冬病虫害的有利时机。在虫害较严重地段，清理、挖掘栖息在枯枝落叶、土壤、树根等处的越冬蛹、虫茧，剪下树上的虫包，并集中销毁，对控制尺蠖、透翅蛾、刺蛾、蚧壳虫等多种害虫都有显著效果，还可减少越冬的病原菌。 5. 进行职工技术培训。 6. 加强巡查，做好绿地防火工作。 7. 制定本年的绿化工作计划。 8. 统计本月的苗木补植量
二月	1. 继续进行树木冬季修剪，剪除越冬虫卵、虫茧，减少病原菌菌量。 2. 二月份越冬树木易发生生理干旱，要及时检查、修复、加固防寒设施。在小气候好的地段，下旬在晴天补水，可减轻危害，必要时可喷施抗蒸腾剂。 3. 做好春季植树的准备工作。对灌溉设施进行检修维护，为春季浇水做好准备。下旬如遇暖冬气候，冷季型草坪应浇第一次春水；出现倒春寒时，可推迟到三月份。

二月	4.中、下旬防治蚧壳虫，可在树干上设西维因药环或在树干基部围钉塑料薄膜环，防止若虫上树。若发现草履蚧幼虫应及时喷速蚧克、康福多等药剂。 5.加强巡查，做好绿地防火工作。 6.统计本月的苗木补植量
三月	1.本月12日为我国植树节，组织好春季植树工作，做到随运苗、随修剪、随浇水、随封坑，提高植树的成活率。 2.根据气温、地温、土壤含水量、不同植物根系活动和萌芽情况等综合因素，科学、及时地安排浇水时间和浇水量，确保树木花草返青和成活。 3.结合浇水适量追肥，并根据气候情况适时撤除防寒设施。 4.清理草坪，搂除枯草，打孔通气，下旬开始追肥，可施氮肥（尿素）10~15g/m²或草坪颗粒肥（缓释型）促进草坪返青。 5.上旬注意防草履蚧。下旬在树木发芽前要防治毛白杨、国槐上的桑白蚧兼治越冬红蜘蛛和蚜虫，可喷华光霉素、爱福丁、浏阳霉素等。月底防治柏树双条杉天牛，可采用菊酯类等触杀性强的药剂封杆防止成虫产卵或做饵木诱杀成虫等措施。 6.做好行道树、绿篱和花灌木的补植工作，并统计本月苗木的补植量
四月	1.完成行道树、绿篱和花灌木的补植工作，并统计本月苗木的补植量。 2.对园林树木、草坪进行灌水，生长势弱的草坪可按三月份的用量再次施肥。 3.修剪草坪、绿篱，乔灌木及时去除杂乱萌蘖，以保持优良树形，减少水分、养分浪费。 4.上旬防治栾树、国槐、桃蚜虫、月季蚜虫等，中旬防治天幕毛虫、杨尺蠖、桑刺尺蠖等幼虫；预防松柏、山楂红蜘蛛和朱砂叶螨等，可用有压力的清水或很低浓度的药剂冲洗树冠或喷杀螨剂；新移栽侧柏或桧柏注意防治双条杉天牛、柏肤小蠹。下旬防治杨、柳、海棠等腐烂病和锈病，应以苦参素、爱福丁、艾美乐、浏阳霉素、Bt乳剂、灭幼脲等高效低毒农药防治为主；新栽杨、柳树除及时浇水促发芽外，还应及时将树干涂白，防止腐烂病和溃疡病的病菌侵染。 5.加强新栽树木的养护管理工作，做好补苗、间苗，增施追肥，勤施薄肥
五月	1.本月是大多数植物枝、叶速长期和开花期，需水量很大，防止干旱，及时灌水，植物生长迅速，应多施几次肥，施肥以薄施为主。新植树木及时剥芽去蘖。 2.对连翘、碧桃、丁香、榆叶梅、紫荆、月季、紫薇等春季开花的花灌木进行花后修剪及枝条更新。 3.草坪浇水、修剪、除草、施肥。冷季型草坪中、下旬采用保护性杀菌剂预防褐斑病和控制草坪锈病的发生。 4.上旬防治第一代槐尺蠖、越冬代柳毒蛾、杨天社蛾幼虫、油松毛虫等，可喷灭幼脲、Bt乳剂、百虫杀、快杀敌、锐劲特等药剂；喷粉锈宁防治桧柏、海棠、毛白杨等树锈病；防治白蜡、丁香、银杏、国槐、柳树等树上的木蠹蛾、天牛等蛀干害虫，可注射、喷施绿得保。中旬防治国槐潜叶蛾、元宝枫细蛾、榆金花虫等，可采取捕捉、摘虫叶、喷药等措施。下旬防治松梢螟，可剪掉带虫的枯梢，消灭越冬幼虫及喷施速蚧克；月季黑斑病定期喷施绿得保、溶菌灵、菌克清等。 5.统计本月的苗木补植量
六月	1.新植树木继续浇水。对弱树和珍贵树木可结合浇水施追肥。 2.雨季前检查和伐除危险树木，疏剪树冠和修建与架空线发生矛盾的枝条，并剪去死枝枯枝，防止暴风雨造成倒伏。 3.做好雨季绿地排水的准备工作，挖排水渠等。 4.继续夏季修剪，加强草坪特别是冷季型草坪的修剪养护工作，中耕除草，疏松土壤，适当控水控肥，注意防止病害的发生蔓延。 5.上旬刷除榆树枝、干上的榆金花虫蛹；防治紫薇蚜虫、斑衣蜡蝉。中旬灯光诱杀或捕杀柳毒蛾成虫；防治紫薇绒蚧等害虫若虫；严格控制各种树木上红蜘蛛的蔓延危害；可喷药效期较长的触杀剂防治光肩星、云斑等天牛或捕杀成虫。下旬主要防治第二代槐尺蠖、杨天社蛾、元宝枫细蛾、槐叶柄小蛾等害虫的危害。

六月	6.对月季、紫薇等春季开花的花灌木进行花后修剪。 7.统计本月的苗木补植量。
七月	1.常绿树移植,争取在雨季初期完工。 2.本月气温最高,雨量集中,要认真抓好防涝防暴风雨的工作。加强防汛抢险,遇暴风雨树木倒伏或树枝折断等情况,要及时组织力量进行抢险。 3.做好树木花卉的雨季排涝工作。银杏、国槐、栾树等树木,冷季型草坪应及时排涝。 4.注意控制冷季型草坪高度,继续喷洒杀菌剂,控制草坪褐斑病、夏季斑枯病、腐霉病等病害发生与蔓延;继续中耕除草,疏松土壤,防止草荒出现。 5.上旬防治白蜡、栾树等树木及月季等花灌木上的各种刺蛾;防治第一代柳毒蛾、合欢巢蛾、槐潜叶蛾和草坪黏虫;根据天气情况适时防治国槐红蜘蛛,防止成灾发生。中旬喷药防治光肩星天牛成虫,通过注意排水、控制湿度、喷药、灌药和清除病原等措施防治一年生花卉和宿根花卉疫病,元宝枫黄萎病、紫纹羽、白纹羽病、月季白粉病等。下旬注意防治毛白杨长白蚧、黄杨矢尖蚧、松针蚧等介壳虫的若虫。 6.本月苗木生长旺盛,要及时追施肥料,对小苗要薄施、多施。 7.对花期较长的花灌木进行花后修剪。 8.统计本月的苗木补植量
八月	1.加强树木养护管理,继续进行夏季修剪,对彩叶树篱进行第二次修剪,以保持"十一"观赏效果。 2.继续抓好冷季型草坪的修剪和病虫害防治工作。 3.中耕除草。 4.排水防涝,抗旱灌水。 5.菊花于立秋前最后一次摘心定尖,去蘖、换盆、加强肥水管理。 6.对百日红等开花时间较长的花灌木进行花后修剪。 7.上旬防治第三代槐尺蠖、柏毒蛾、槐潜叶蛾等。中旬防治褐袖刺蛾、扁刺蛾、黄刺蛾等第二代幼虫及杨天社蛾、舟形毛虫、第二代合欢巢蛾等;根据天气情况适时防治国槐红蜘蛛。中下旬注意防治槐树、银杏、丁香、白蜡和果树上木蠹蛾、天牛等蛀干害虫;注意防治卫矛尺蠖;灯光诱杀或捕捉柳毒蛾成虫;喷药或高压注射防治光肩星天牛初孵幼虫、木蠹蛾。 8.统计本月的苗木补植量
九月	1.做好绿篱和草坪修剪工作,清除绿地内杂草,促进越夏草坪的恢复,确保绿地整洁和绿草如茵的园林景观。 2.剪除干枯枝、病虫枝,刨除死树,补植草坪,遇干旱时浇水。 3.中耕除草施肥,对生长弱的树木、草坪追施磷、钾肥。 4.结果树和花灌木施基肥或追肥,以恢复树势。 5.对花期较长的花灌木进行花后修剪。 6.上旬防治毛白杨蚜虫、紫薇绒蚧、杨天社蛾等树木、花卉上的红蜘蛛;以注射、塞药、修剪等方法防治木蠹蛾等蛀干害虫。中旬防治第二代柳毒蝶、第四代槐尺蠖;防治常绿树上的红蜘蛛和蚜虫。下旬防治黄杨粕片盾蚧等的若虫。 7.统计本月的苗木补植量
十月	1.做好秋季植树的准备工作。 2.下旬进行草坪全年的最后一次修剪,将修剪后的碎草运走,禁止就地焚烧树叶或草末,并做好绿地防火工作。 3.上旬冷季型草坪施最后一次秋肥,用量应控制在$20g/m^2$(氮磷钾复合肥),对延长绿期、抗寒及翌年返青有利。 4.对草坪明显的坑洼处进行填平铺草,清除草坪内的杂草。

十月	5.上旬注意防治松蚜、柏蚜、棉蚜、月季长管蚜、菊姬长管蚜等蚜虫。中旬挖槐尺蠖等害虫越冬的蛹，消灭过冬虫源。下旬及时清理树下或绿地内落叶，并集中销毁，消灭越冬的病原菌。 6.统计本月的苗木补植量
十一月	1.在树木落叶后即可进行秋季栽树，栽植后要浇三遍水然后封坑。 2.对干径20cm以下树木及珍贵树、常绿树、古树、灌木、绿篱等灌冻水，浇足浇透后封坑，确保树木安全过冬。 3.对不能露地过冬的树木和花灌木要及时采取防寒措施确保其安全过冬。 4.做好冬季树木修剪计划。剪去病枝、枯枝、有虫卵枝及徒长枝、过密枝等。修剪行道树时，要严格掌握操作规程和技术要求，注意安全。 5.对树木及草坪灌冻水，使其安全越冬。 6.采取捉（幼虫和蛹）、挖（蛹和茧）、刷（树干上卵、茧和虫体）、刮（树干或建筑物土的卵块）、剪（树枝上虫卵或树枝内虫体）、打（在种子内越冬虫源）、清除（清理落叶或树干茧和虫周围砖瓦石中的虫源）、处理（把剪伐下来带虫的枝干集中销毁）、树干涂白等多种方法消灭越冬的园林植物虫害。 7.加强巡查，做好绿地防火工作。 8.统计本月的苗木补植量
十二月	1.开始进行落叶树木的冬季整形修剪工作。去掉过密枝、重叠枝、病虫枝、枯死枝，解决好树木与供电、交通等方面的矛盾。对新植树木进行定干定形修剪。 2.消灭越冬害虫，清理被害树上的病虫残体，树干涂白等措施防止病虫害的发生。 3.做好树木的防寒工作。 4.统计本月的苗木补植量。 5.认真做好冬季职工培训和青工轮训工作，并维修各种园林机械。 6.对全年各项绿化工作的管理措施进行检查和总结。 7.汇总本年的苗木补植量，制定明年苗木补植工作计划，完成苗木补植的准备工作。 8.加强巡查，做好绿地防火工作

三、任务评价

具体任务评价见表5-2。

任务评价表 表5-2

评价等级	评价内容及标准
优秀（90~100分）	不需要他人指导，能根据实际情况制定合理的养护工作月历，内容详细全面，考虑周到全面
良好（80~89分）	不需要他人指导，能根据实际情况制定合理的养护工作月历，内容详细，主要任务基本都考虑到
中等（70~79分）	在他人指导下，能根据实际情况制定合理的养护工作月历，考虑周到全面
及格（60~69分）	在他人指导下，能根据实际情况制定合理的养护工作月历，主要任务基本能考虑到

四、课后思考与练习

（1）工作月历制作依据是什么？

（2）园林植物养护管理中常规工作都有哪些？

五、知识与技能链接

目前，国内的一些城市在城市绿地与园林树木的管理、养护方面，已采用招标的方式，吸收社会力量参与，因此城市主管部门更应制订相应的办法来加强管理，采用分级管理是较好的管理方法。例如北京市园林管理局，根据绿地类型的区域位势轻重和财政状况，对绿地树木制订分级管理与养护的标准（表5-3）。

园林树木的管理标准 表5-3

管理等级	管理要求
一级管理	1. 生长势好。生长超过该树种、该规格的平均年生长量（指标经调查后确定）。 2. 叶片完亮。叶片色鲜、质厚、具光泽。不黄叶、不焦边、不卷边、不落叶，叶面无虫粪、虫网和积尘。被虫咬食叶片，单株在5%以下。 3. 枝干健壮。枝条粗壮，越冬前新梢已木质化程度高。无明显枯枝、死杈，无蛀干害虫的活卵、活虫。介壳虫最严重处，主干、主枝上平均成虫数少于1头/100cm，较细枝条的平均成虫数少于5头/30cm。受虫害株数在2%以下。无明显的人为损坏。绿地草坪内无堆物、搭棚或侵占等；行道树下距树干1m内无堆物、搭棚、圈栏等影响树木养护管理和树体生长的物品。树冠完整美观，分枝点合适，主、侧枝分布均称，内膛不乱、通风透光。绿篱类树木，应枝条茂密，完满无缺。 4. 缺株在2%以下
二级管理	1. 生长势正常。正常生长达到该树种、该规格的平均生长量。 2. 叶片正常。叶色、大小、厚薄正常。有较严重黄叶、焦叶、卷叶、带虫粪、虫网、蒙尘叶的株数在2%以下。被虫咬食的叶片，单株在5%～10%。 3. 枝、干正常。无明显枯枝、死杈。有蛀干害虫的株数在2%以下。介壳虫最严重处，主干上平均成虫数少于1～2头/100cm，较细枝条平均成虫数少于5～10头/30cm。有虫株数在2%～4%。无较严重的人为损坏，对轻微或偶尔发生的人为损坏，能及时发现和处理。绿地草坪内无堆物、搭棚、侵占等；行道树下距树干1m内无影响树木养护管理的堆物、搭棚、圈栏等。树冠基本完整，主侧枝分布匀称，树冠通风透光。 4. 缺株在2%～4%
三级管理	1. 生长势基本正常。 2. 叶片基本正常。叶色、大小、厚薄基本正常。有较严重黄叶、焦叶、卷叶、带虫粪、虫网、蒙尘叶的株数在2%～4%。虫食叶单株10%～15%。 3. 枝、干基本正常。无明显枯枝、死杈。有蛀干害虫的株数在2%～10%。介壳虫最严重处，主干主枝上平均成虫数少于2～3头/100cm；较细枝条的平均成虫数少于10～15头/30cm。有虫株数在4%～6%。对人为损坏能及时进行处理。绿地内无堆物、搭棚、侵占等；行道树下无堆放石灰等对树木有烧伤、毒害的物质，无搭棚、围墙、圈占树等。90%以上的树木树冠基本完整。 4. 缺株在4%～6%
四级管理	1. 被严重吃花树叶（被虫咬食的叶面积、数量都超过一半）的株数，达20%。被严重吃光树叶的株数，达10%。 2. 严重焦叶、卷叶、落叶的株数，达20%。严重焦梢的株数，达10%。 3. 有蛀干害虫的株数在30%。介壳虫最严重处，主干主枝上平均成虫数多于3头/100cm。较细枝条上平均成虫数多于15头/30cm。有虫株数在6%以上。 4. 缺株在6%～10%

以上的分级养护质量标准，是根据现时的生产管理水平和人力物力等条件，而采取的暂时性措施。今后，随着对生态环境建设投入的加大，随着城市绿化养护管理水平的提高，应逐渐向一级标准靠拢，以更好地发挥园林树木的景观生态环境效益。

任务二　园林植物土肥水的管理

学习情境：小王对全园进行了巡视检查，对目前植物的土肥水情况进行检查，指导工人如何进行土、肥、水的管理。

一、任务内容和要求

根据校园园林植物生长状况判断植物是否需要进行土壤管理和浇水、施肥；完成校园内各种植物的土肥水管理。

二、任务实施

1. 土壤管理

1）深翻熟化

土壤板结、黏重、土壤耕性差，通气透水不良，可以对园林树木根区范围内的土壤进行深度翻垦。翻耕一般在秋末和早春，可结合施肥一起进行，土壤深翻的效果能保持多年，没有必要每年都进行深翻。黏土、涝洼地深翻后容易恢复紧实，可每1～2年深翻耕一次；而地下水位低，排水良好，疏松透气的沙壤土，保持时间较长，则可每3～4年深翻耕一次。深翻深度以稍深于园林树木主要根系垂直分布层为度，这样有利于引导根系向下生长，但具体的深翻深度与土壤结构、土质状况以及树种特性等有关。

深翻方式：园林树木土壤深翻方式主要有树盘深翻与行间深翻两种。树盘深翻是在树木树冠边缘，于地面的垂直投影线附近挖取环状深翻沟，有利于树木根系向外扩展，适用于园林草坪中的孤植树和株间距大的树木；行间深翻则是在两排树木的行中间，沿列方向挖取长条形深翻沟，用一条深翻沟，达到对两行树木同时深翻的目的，这种方式多适用于呈行列布置的树木，如风景林、防护林带、园林苗圃等。

2）中耕通气

中耕可以切断土壤表层的毛细管，减少土壤水分蒸发，防止土壤泛碱，改良土壤通气状况，促进土壤微生物活动，有利于难溶性养分的分解，提高土壤肥力。与深翻不同，中耕是一项经常性工作，一般每年土壤的中耕次数要达到2～3次。土壤中耕大多在生长季节进行，如以消除杂草为主要目的的中耕，中耕时间在杂草出苗期和结实期效果较好，这样能消灭大量杂草，减少除草次数。具体时间应选择在土壤不过于干，又不过于湿时，如天气晴朗或初晴之后进行，可以获得最大的保墒效果。

中耕深度一般为 6 ~ 10cm，大苗 6 ~ 9cm，小苗 2 ~ 3cm，过深伤根，过浅起不到中耕的作用。中耕时，尽量不要碰伤树皮，对生长在土壤表层的树木须根，则可适当截断。

3）客土

客土就是在栽植园林树木时，对栽植地实行局部换土。通常是在土壤完全不适宜园林树木生长的情况下需换入肥沃土壤。如在我国北方种植杜鹃、茶花等酸性土植物时，就常将栽植坑附近的土壤全部换成山泥、泥炭土、腐叶土等酸性土壤，以符合酸性土树种生长要求。

4）培土

培土就是在园林树木生长过程中，根据需要，在树木生长地添加部分土壤基质，以增加土层厚度，保护根系，补充营养，改良土壤结构。在我国南方高温多雨的山地区域，常采取培土措施。在这些地方，降雨量大，强度高，土壤淋洗流失严重，土层变得十分浅薄，树木的根系大量裸露，树木既缺水又缺肥，生长势差，甚至可能导致树木整株倒伏或死亡，这时就需要及时进行培土。但一次培土不宜太厚，以免影响树木根系生长。

5）土壤施肥改良

土壤的施肥改良以有机肥为主。一方面，有机肥所含营养元素全面，除含有各种大量元素外，还含有微量元素和多种生理活性物质，包括激素、维生素、氨基酸、葡萄糖、DNA、RNA、酶等，能有效地供给树木生长需要的营养；另一方面，有机肥还能增加土壤的腐殖质，其有机胶体又可改良沙土，增加土壤的空隙度，改良黏土的结构，提高土壤保水保肥能力，缓冲土壤的酸碱度，从而改善土壤的水、肥、气、热状况。

施肥改良常与土壤的深翻工作结合进行。一般在土壤深翻时，将有机肥和土壤以分层的方式填入深翻沟。生产上常用的有机肥料有厩肥、堆肥、禽肥、鱼肥、饼肥、人粪尿、土杂肥、绿肥以及城市中的垃圾等，这些有机肥均需经过腐熟发酵才可使用。

6）土壤酸碱度调节

土壤的酸碱度主要影响土壤养分物质的转化与有效性，土壤微生物的活动和土壤的理化性质，因此，与园林树木的生长发育密切相关。绝大多数园林树木适宜中性至微酸性的土壤，当土壤酸碱度不适合植物生长就需要对土壤进行改良。

（1）土壤酸化

当土壤 pH 值过高时，土壤呈碱性，会发生明显的钙对磷酸的固定，使土粒分散，结构被破坏。目前，土壤酸化主要通过施用释酸物质进行调节，如施用有机肥料、生理酸性肥料、硫磺等，通过这些物质在土壤中的转化，产生酸性物质，降低土壤的 pH。据试验，每亩施用 30kg 硫磺粉，可使土壤 pH 从 8.0 降到 6.5 左右，硫磺粉的酸化效果较持久，但见效缓慢。

（2）土壤碱化

当土壤 pH 值过低时，土壤成酸性，土壤中活性铁、铝增多，磷酸根易与它们结合形成不溶性的沉淀，造成磷素养分的无效化，同时，由于土壤吸附性氢离子多，黏粒矿物易被分解，盐基离子大部分遭受淋失，不利于良好土壤结构的形成。土壤碱化的常用方法是向土壤中施加石灰、草木灰等碱性物质，但以石灰应用较普遍。调节土壤酸度的石灰是农业上用的"农业石灰"（碳酸钙粉），并非工业建筑用的烧石灰。

（3）疏松剂改良

近年来，有不少国家已开始大量使用疏松剂来改良土壤结构和生物学活性，调节土壤酸碱度，提高土壤肥力，并有专门的疏松剂商品销售。如国外生产上广泛使用的聚丙烯酰胺，为人工合成的高分子化合物，使用时，先把干粉溶于 80℃ 以上的热水，制成 2% 的母液，再稀释 10 倍浇灌至 5cm 深土层中，通过其离子键、氢键的吸引，使土壤连接形成团粒结构，从而优化土壤水、肥、气、热条件，其效果可达 3 年以上。

2. 园林植物的施肥

1）园林树木的施肥量

施肥过多，树木不能吸收，既造成肥料的浪费，还有可能使树木遭受肥害，肥料用量不足就达不到施肥的目的。对施肥量含义的全面理解应包括肥料中各种营养元素的比例、一次性施肥的用量和浓度以及全年施肥的次数等数量指标。施肥量受树种习性、物候期、树体大小、树龄、土壤与气候条件、肥料的种类、施肥时间与方法、管理技术等诸多因素影响，难以制定统一的施肥量标准。就同一树木而言，一般化学肥料、追肥、根外施肥的施肥浓度分别较有机肥料、基肥和土壤施肥要低，而且要求更严格。化学肥料的施用浓度一般不宜超过 1% ~ 3%，而在进行叶面施肥时，多为 0.1% ~ 0.3%，对一些微量元素，浓度应更低。

2）园林树木施肥方法

依肥料元素被树木吸收的部位，园林树木施肥主要有土壤施肥和根外施肥两大类。

（1）土壤施肥

土壤施肥就是将肥料直接施入土壤中，然后通过树木根系进行吸收的施肥，它是园林树木主要的施肥方法。土壤施肥必须根据根系分布特点，将肥料施在吸收根集中分布区附近，才能被根系吸收利用，充分发挥肥效，并引导根系向外扩展。理论上讲，在正常情况下，树木的多数根集中分布在地下 40 ~ 80cm 深范围内，具吸收功能的根，则分布在 20cm 左右深的土层内；根系的水平分布范围，多数与树木的冠幅大小一致，即主要分布在树冠外围边缘的圆周内，所以，应在树冠外围于地面的水平投影处附近挖掘施肥沟或施肥坑。生产上常见的土壤施肥方法介绍如下：

①全面施肥：分撒施与水施两种。前者是将肥料均匀地撒布于园林树木生长的地面，然后再翻入土中。这种施肥的优点是，方法简单，操作方便，肥

效均匀，但因施入较浅，养分流失严重，用肥量大，并诱导根系上浮，降低根系抗性，此法若与其他方法交替使用，则可取长补短，发挥肥料的更大功效；后者主要是与喷灌、滴灌结合进行施肥。水施供肥及时，肥效分布均匀，既不伤根系，又保护耕作层土壤结构，节省劳力，肥料利用率高，是一种很有发展潜力的施肥方式。

②沟状施肥：沟状施肥包括环状沟施（图5-1）、放射状沟施（图5-2）和条状沟施（图5-3），其中以环状沟施较为普遍。环状沟施是在树冠外围稍远处挖环状沟施肥，一般施肥沟宽30～40cm，深30～60cm，它具有操作简便、用肥经济的优点，但易伤水平根，多适用于园林孤植树；放射状沟施较环状沟施伤根要少，但施肥部位也有一定局限性；条状沟施是在树木行间或株间开沟施肥，多适合苗圃里的树木或呈行列式布置的树木。

③穴状施肥：穴状施肥（图5-4）与沟状施肥很相似，若将沟状施肥中的施肥沟变为施肥穴或坑就成了穴状施肥，栽植树木时的基肥施入，实际上就是穴状施肥。生产上，以环状穴施居多。施肥时，施肥穴同样沿树冠在地面投影线附近分布，不过，施肥穴可为2～4圈，呈同心圆环状，内外圈中的施肥穴应交错排列，因此，该种方法伤根较少，而且肥效较均匀。目前，国外穴状施肥已实现了机械化操作。把配制好的肥料装入特制容器内，依靠空气压缩机，通过钢钻直接将肥料送入到土壤中，供树木根系吸收利用。这种方法快速省工，对地面破坏小，特别适合城市里铺装地面中树木的施肥。

图5-1　环状沟施（左）
图5-2　放射状沟施（左中）
图5-3　条状沟施（右中）
图5-4　穴状施肥（右）

(2) 根外施肥

①叶面施肥（图5-5）：将按一定浓度要求配制好的肥料溶液，直接喷雾到树木的叶面上，再通过叶面气孔和角质层吸收后，转移运输到树体各个器官。叶面施肥具有用肥量小，吸收见效快，避免了营养元素在土壤中的化学或生物固定等优点，因此，在早春树木根系恢复吸收功能前、在缺水季节或缺水地区以及不便土壤施肥的地方，均可采用叶面施肥，同时，该方法还特别适合于微量元素的施用，以及对树体高大且根系吸收能力衰竭的古树、大树的施肥。

叶面施肥多作追肥施用，生产上常与病虫害的防止结合进行，因而喷雾液的浓度至关重要。在没有足够把握的情况下，应宁淡勿浓。喷布前需作小型试验，确定不能引起药害，方可再大面积喷布。

②枝干施肥：枝干施肥（图5-6）就是通过树木枝、茎的韧皮部来吸收肥料营养，它吸肥的机理和效果与叶面施肥基本相似。枝干施肥又大致有枝干

涂抹和枝干注射两种方法，前者是先将树木枝干刻伤，然后在刻伤处加上固体药棉；后者是用专门的仪器来注射枝干，目前国内已有专用的树干注射器。枝干施肥主要可用于衰老古大树、珍稀树种、树桩盆景以及观花树木和大树移栽时的营养供给。例如，有人分别用浓度 2% 的柠檬酸铁溶液注射和用浓度 1% 的硫酸亚铁加尿素药棉涂抹栀子花枝干，在短期内就扭转了栀子花的缺绿症，效果十分明显。

图 5-5 叶面追肥(左)
图 5-6 枝干施肥(右)

3. 园林树木的灌水

园林树木灌溉用水以软水为宜，不能含有过多的对树木生长有害的有机、无机盐类和有毒元素及其化合物，一般有毒可溶性盐类含量不超过 1.8g/L，水温与气温或地温接近。

1）灌水时期

科学的灌水是适时灌溉，也就是说在树木最需要水的时候及时灌溉。根据园林生产管理实际，不妨将树木灌水时期分为以下两种类型：

（1）干旱性灌溉：干旱性灌溉是指在发生土壤、大气严重干旱，土壤水分难以满足树木需要时进行的灌水。根据土壤含水量和树木的萎蔫系数确定具体的灌水时间是较可靠的方法。一般认为，当土壤含水量低于最大持水量的 60% 以下，就应根据具体情况，决定是否需要灌水。

（2）管理性灌溉：管理性灌溉是根据园林树木生长发育需要，在某个特殊时段进行灌水，实际上就是在树木需水临界期的灌水。例如，在栽植树木时，要浇大量的定根水；在我国北方地区，树木休眠前要灌"冻水"或"封冻水"；许多树木在生长期间，要浇展叶水、抽梢水、花芽分化水、花蕾水、花前水、花后水等。总之，灌水的时期应根据树种以及气候、土壤等条件而定，具体灌溉时间则因季节而异。夏季灌溉应在清晨和傍晚，此时水温与地温接近，对根系生长影响小，冬季因晨夕气温较低，灌溉宜在中午前后。

2）灌溉制度

树木需水量决定了在一定的气候、水文、土壤等条件下，植物生长所需要的水量和灌溉需水量等。灌溉量及灌溉次数的一个基本原则是保证植物根系集中分布层处于湿润状态，即根系分布范围内的土壤湿度达到田间最大持水量的70%左右。原则是只要土壤水分不足立即灌溉。土壤墒情可依据表5-4的方法来判断，一般需调整墒情在黑墒与黄墒之间。以小水灌透为原则，使水分慢慢渗入土中。

土壤墒情检验表 表5-4

类别	土色	潮湿程度（%）	土壤状态	作业措施
黑墒 （饱墒）	深暗	湿，含水量大于20	手攥成团，揉搓不散，手上有明显水迹；水稍多而空气相对不足，为适度上限，持续时间不宜过长	松土散墒，适于栽植和繁殖
褐墒 （合墒）	黑黄偏黑	潮湿，含水量15~20	手攥成团，一搓即散，手有湿印；水气适度	松土保墒，适于生长发育
黄墒	潮黄	潮，含水量12~15	手攥成团，微有潮印，有凉感；适度下限	保墒，给水，适于蹲苗，花芽分化
灰墒	浅灰	半干燥，含水量5~12	攥不成团，手指下才有潮迹，幼嫩植株出现萎蔫	及时灌水
旱墒	灰白	干燥，含水量小于5	无潮湿，土壤含水量过低，草本植物脱水枯萎，木本植物干黄，仙人掌类停止生长	需灌透水
假墒	表面看似合墒色灰黄	表潮里干	高温期，或灌水不彻底，或土壤表面因苔藓、杂物遮阴粗看潮润，实际内部干燥	仔细检查墒情，尤其是盆花；正常灌水

3）灌水方法

（1）地上灌水

①机械喷灌：这是一种比较先进的灌水技术，目前已广泛用于园林苗圃、园林草坪、果园等的灌溉。机械喷灌的优点是，由于灌溉水首先是以雾化状洒落在树体上，然后再通过树木枝叶逐渐下渗至地表，避免了对土壤的直接打击、冲刷，因此，基本上不产生深层渗漏和地表径流，既节约用水量，又减少了对土壤结构的破坏，可保持原有土壤的疏松状态，而且，机械喷灌还能迅速提高树木周围的空气湿度，控制局部环境温度的急剧变化，为树木生长创造良好条件，此外，机械喷灌对土地的平整度要求不高，可以节约劳力，提高工作效率。机械喷灌的缺点是，有可能加重某些园林树木感染真菌病害；灌水的均匀性受风影响很大，风力过大，会增加水量损失；同时，喷灌的设备价格和管理维护费用较高，使其应用范围受到一定限制。但总体上讲，机械喷灌还是一种发展潜力巨大的灌溉技术，值得大力推广应用。机械喷灌系统一般由水源、动力、水泵、输水管道及喷头等部分组成。

②汽车喷灌：汽车喷灌实际上是一座小型的移动式机械喷灌系统，目前，它多由城市洒水车改建而成，在汽车上安装储水箱、水泵、水管及喷头组成一个完整的喷灌系统，灌溉的效果与机械喷灌相似。由于汽车喷灌具有移动灵活的优点，因而常用于城市街道行道树的灌水。

③人工浇灌：虽然人工浇灌费工多，效率低，但在交通不便，水源较远，设施条件较差的情况下，仍不失为一种有效的灌水方法。人工浇灌大致有人工挑水浇灌与人工水管浇灌两种，并大多采用树盘灌水形式。灌溉时，以树干为圆心，在树冠边缘投影处，用土壤围成圆形树堰，灌水在树堰中缓慢渗入地下。人工浇灌属于局部灌溉，灌水前最好应疏松树堰内土壤，使水容易渗透，灌溉后耙松表土，以减少水分蒸发。

(2) 地面灌水

地面灌水可分为漫灌与滴灌两种形式。前者是一种大面积的表面灌水方式，因用水极不经济，生产上很少采用；后者是近年来发展起来的机械化与自动化的先进灌溉技术，它是将灌溉用水以水滴或细小水流形式，缓慢地施于植物根域的灌水方法。滴灌的效果与机械喷灌相似，但比机械喷灌更节约用水。不过滴灌对小气候的调节作用较差，而且耗管材多，对用水要求严格，容易堵塞管道和滴头。目前国内外已发展到自动化滴灌装置，其自动控制方法可分时间控制法、电力抵抗法和土壤水分张力计自动控制法等，而广泛用于蔬菜、花卉的设施栽培生产中。滴灌系统的主要组成部分包括水泵、化肥罐、过滤器、输水管、灌水管和滴水管等。

(3) 地下灌水

地下灌水是借助于地下的管道系统，使灌溉水在土壤毛细管作用下，向周围扩散浸润植物根区土壤的灌溉方法。地下灌水具有地表蒸发小，节省灌溉用水，不破坏土壤结构，地下管道系统在雨季还可用于排水等优点。

地下灌水分为沟灌与渗灌两种。沟灌是用高畦低沟方法，引水沿沟底流动来浸润周围土壤。灌溉沟有明沟与暗沟，土沟与石沟之分。对石沟，沟壁应设有小型渗漏孔。渗灌是目前应用较普遍的一种地下灌水方式，其主要组成部分是地下管道系统。地下管道系统包括输水管道和渗水管道两大部分。输水管道两端分别与水源和渗水管道连接，将灌溉水输送至灌溉地的渗水管道，它做成暗渠和明渠均可，但应有一定比降。渗水管道的作用在于通过管道上的小孔，使管道中的水渗入土壤中，管道的种类众多，制作材料也多种多样，例如有专门烧制的多孔瓦管、多孔水泥管、竹管以及波纹塑料管等，生产上应用较多的是多孔瓦管。

4. 园林树木的排水

当树木生长在低洼地，当降雨强度大时，汇集大量地表径流，且不能及时宣泄，而形成季节性涝湿地；土壤结构不良，渗水性差，特别是土壤下面有坚实的不透水层，阻止水分下渗，形成过高的假地下水位；园林绿地临近江河湖海，地下水位高或雨季易遭淹没，形成周期性的土壤过湿；平原与山地城市，在洪水季节有可能因排水不畅，形成大量积水，或造成山洪暴发；在一些盐碱地区，土壤下层含盐量高，不及时排水洗盐，盐分会随水的上升而到达表层，造成土壤次生盐渍化，对树木生长很不利等，遇到这些情况就需要排水。

(1) 明沟排水：明沟排水是在地面上挖掘明沟，排除径流。它常由小排水沟、支排水沟以及主排水沟等组成一个完整的排水系统，在地势最低处设置总排水沟。这种排水系统的布局多与道路走向一致，各级排水沟的走向最好相互垂直，但在两沟相交处应成锐角（45°～60°）相交，以利水畅其流，防止相交处沟道淤塞，且各级排水沟的纵向比降应大小有别。

(2) 暗沟排水：暗沟排水是在地下埋设管道，形成地下排水系统，将地下水降到要求的深度。暗沟排水系统与明沟排水系统基本相同，也有干管、支管和排水管之别。暗沟排水的管道多由塑料管、混凝土管或瓦管制成。建设时，各级管道需按水力学要求的指标组合施工，以确保水流畅通，防止淤塞。

(3) 滤水层排水：滤水层排水实际就是一种地下排水方法。它是在低洼积水地以及透水性极差的地方栽种树木，或对一些极不耐水湿的树种，在当初栽植树木时，就在树木生长的土壤下面填埋一定深度的煤渣、碎石等材料，形成滤水层，并在周围设置排水孔，当遇有积水时，就能及时排除。这种排水方法只能小范围使用，起到局部排水的作用。

(4) 地面排水：这是目前使用较广泛、经济的一种排水方法。它是通过道路、广场等地面，汇聚雨水，然后集中到排水沟，从而避免绿地树木遭受水淹。不过，地面排水方法需要设计者经过精心设计安排，才能达到预期效果。

三、任务评价

具体任务评价见表5-5。

任务评价表 表5-5

评价等级	评价内容及标准
优秀（90～100分）	不需要他人指导，能根据实际情况进行土壤的管理；针对不同植物生长状况确定是否需要施肥及如何施肥；能独立判断是否需要浇水，能正确选择浇水的方式和确定浇水量
良好（80～89分）	不需要他人指导，能根据实际情况进行土壤的管理；基本能确定是否需要施肥及如何施肥；能判断是否需要浇水，能正确选择浇水的方式和确定浇水量
中等（70～79分）	在他人指导下，能根据实际情况进行土壤的管理；基本能确定是否需要施肥及如何施肥；能判断是否需要浇水，能正确选择浇水的方式和确定浇水量
及格（60～69分）	在他人指导下，进行土壤的管理；基本能确定是否需要施肥及如何施肥；能判断是否需要浇水，选择浇水的方式和确定浇水量

四、课后思考与练习

(1) 常见土壤施肥的方法有哪些？

(2) 园林植物什么时候需要浇水？

(3) 常见的灌溉方式有哪些？

(4) 简述园林植物排水方法有哪些？

五、知识与技能链接

1. 园林植物科学施肥的依据

（1）根据树木种类合理施肥。树木种类不同，习性各异，需肥特性有别。例如泡桐、杨树、重阳木、香樟、桂花、茉莉、月季、茶花等生长速度快，生长量大的种类，就比柏木、马尾松、油松、小叶黄杨等慢生耐瘠树种需肥量要大；又如在我国传统花木种植中，"矾肥水"就是养植牡丹的最好用肥等。

（2）根据生长发育阶段合理施肥。总体上讲，随着树木生长旺盛期的到来，需肥量逐渐增加，生长旺盛期以前或以后需肥量相对较少，在休眠期甚至就不需要施肥；在抽枝展叶的营养生长阶段，树木对氮素的需求量大，而生殖生长阶段则以磷、钾及其他微量元素为主。根据园林树木物候期差异，施肥方案上有萌芽肥、抽枝肥、花前肥、壮花稳果肥以及花后肥等。就生命周期而言，一般处于幼年期的树种，尤其是幼年的针叶树种生长需要大量的肥料，到成年阶段，对氮素的需要量减少；对古大树供给更多的微量元素有助于增强对不良环境因子的抵抗力。

（3）根据树木用途合理施肥。树木的观赏特性以及园林用途要影响其施肥方案。一般说来，观叶、观形树种需要较多的氮肥，而观花观果树种对磷、钾肥的需求量大。有调查表明，城市里的行道树大多缺少钾、镁、磷、硼、锰、硝态氮等元素，而钙、钠等元素又常过量，这对制定施肥方案有参考价值。也有人认为，对行道树、庭荫树、绿篱树种施肥，应以饼肥、化肥为主，郊区绿化树种可更多的施用人粪尿和土杂肥。

（4）根据土壤条件合理施肥。土壤厚度、土壤水分与有机质含量、酸碱度高低、土壤结构均对树木的施肥有很大影响。例如，土壤水分含量和酸碱度就与肥效直接相关。土壤水分缺乏时施肥有害无利。由于肥分浓度过高，树木不能吸收利用而遭毒害；积水或多雨时又容易使养分被淋洗流失，降低肥料利用率。土壤酸碱度直接影响营养元素的溶解度。有些元素，如铁、硼、锌、铜，在酸性条件下易溶解，有效性高，当土壤呈中性或碱性时，有效性降低，另一些元素，如钼，则相反，其有效性随碱性提高而增强。

（5）根据气候条件合理施肥。气温和降雨量是影响施肥的主要气候因子。如低温，一方面减慢土壤养分的转化，另一方面削弱树木对养分的吸收功能。试验表明，在各种元素中，磷是受低温抑制最大的一种元素。雨量多寡主要通过土壤过干过湿左右营养元素的释放、淋失及固定。干旱常导致发生缺硼、钾及磷，多雨则容易促发缺镁。

（6）根据营养诊断合理施肥。根据营养诊断结果进行施肥，是实现园林树木栽培科学化的一个重要标志，它能使树木的施肥达到合理化、指标化和规范化，完全做到树木缺什么，就施什么，缺多少，就施多少。目前，园林树木施肥的营养诊断方法主要有叶样分析、土样分析、植株叶片颜色诊断以及植株外观综合诊断等，不过，叶样与土样分析均需要一定的仪器设备条件，而其在生产上的广泛应用受到一定限制，植株叶片颜色诊断和植株外观综合诊断则需有一定的实践经验。

(7) 根据养分性质合理施肥。养分性质不同，不但影响施肥的时期、方法、施肥量，而且还关系到土壤的理化性状。一些易流失挥发的速效性肥料，如碳酸氢铵、过磷酸钙等，宜在树木需肥期稍前施入，而迟效性肥料，如有机肥，因腐烂分解后才能被树木吸收利用，故应提前施入。氮肥在土壤中移动性强，即使浅施也能渗透到根系分布层内，供树木吸收利用，磷、钾肥移动性差，故宜深施，尤其磷肥需施在根系分布层内，才有利于根系吸收。对化肥类肥料，施肥用量应本着宜淡不宜浓的原则，否则，容易烧伤树木根系。事实上，任何一种肥料都不是十全十美的，因此，生产上，我们应该将有机与无机、速效性与缓效性、酸性与碱性、大量元素与微量元素等结合施用，提倡复合配方施肥，以扬长避短，优势互补。

2.园林树木的需水特性

(1) 园林树木种类与需水

种类、品种不同，自身的形态构造、生长特点、生物学与生态学习性不同，在水分需求上有较大差异。一般说来，生长速度快，生长期长，花、果、叶量大的种类需水量较大，相反需水量较小。因此，通常乔木比灌木，常绿树种比落叶树种，阳性树种比阴性树种，浅根性树种比深根性树种，中生、湿生树种比旱生树种需要较多的水分。但值得注意的是，需水量大的种类不一定需常湿，需水量小的也不一定要常干，而且园林树木的耐旱力与耐湿力并不完全呈负相关。

(2) 生长发育阶段与需水

就生命周期而言，种子萌发时，必须吸足水分，以便种皮膨胀软化，需水量较大，特别在幼苗状态时，因根系弱小，于土层中分布较浅，抗旱力差，虽然植株个体较小，总需水量不大，但也必须经常保持表土适度湿润，以后随着植株体量的增大，根系的发达，总需水量应有所增加，个体对水分的适应能力也有所增强；在年生长周期中，总体上是生长季的需水量大于休眠期。秋冬季气温降低，大多数园林树木处于休眠或半休眠状态，即使常绿树种的生长也极为缓慢，这时应少浇或不浇水，以防烂根，春季开始，气温上升，随着树木大量的抽枝展叶，需水量也逐渐增大，即使在早春，由于气温回升快于土温，根系尚处于休眠状态，吸收功能弱，树木地上部分已开始蒸腾耗水，因此，对于一些常绿树种也应进行适当的叶面喷雾。

在生长过程中，许多树木都有一个对水分需求特别敏感的时期，即需水临界期，此时如果缺水，将严重影响树木枝梢生长和花的发育，以后即使更多的水分供给也难以补偿。需水临界期因各地气候及树木种类而不同，但就目前研究的结果来看，呼吸、蒸腾作用最旺盛时期以及观果类树种果实迅速生长期都要求充足的水分。由于相对干旱有助于树木枝条停止加长生长，使营养物质向花芽转移，因而在栽培上常采用减水、断水等措施来促进花芽分化。如对梅花、桃花、榆叶梅、紫薇、紫荆等，在营养生长期即将结束时适当扣水，少浇或停浇几次水，能提早并促进花芽的形成和发育，从而达到开花繁茂的观赏效果。

（3）园林树木栽植年限与需水

显然，树木栽植年限越短，需水量越大。刚刚栽植的树木，由于根系损伤大，吸收功能弱，根系在短期内难与土壤密切接触，常常需要连续多次反复灌水，方能保证成活，如果是常绿树种，还有必要对枝叶进行喷雾。树木定植经过一定年限后，进入正常生长阶段，地上部分与地下部分间建立起了新的平衡，需水的迫切性会逐渐下降，并非需经常灌水。

（4）园林树木用途与需水

生产上，因受水源、灌溉设施、人力、财力等因素限制，常常难以对全部树木进行同等的灌溉，而要根据园林树木的用途来确定灌溉的重点。一般需水的优先对象是观花灌木、珍贵树种、孤植树、古大树等观赏价值高的树木以及新栽树木。

（5）树木立地条件与需水

生长在不同地区的园林树木，受当地气候、地形、土壤等影响，其需水状况有差异。在气温高、日照强、空气干燥、风大的地区，叶面蒸腾和株间蒸发均会加强，树木的需水量就大，反之，则小些。由于上述因素直接影响水面蒸发量的大小，因此在许多灌溉试验中，大多以水面蒸发量作为反映各气候因素的综合指标，而以树木需水量和同期水面蒸发量比值反映需水量与气候间的关系。土壤的质地、结构与灌水密切相关。如沙土，保水性较差，应"小水勤浇"，较黏重土壤保水力强，灌溉次数和灌水量均应适当减少。若种植地面经过了铺装，或对游人践踏严重、透气差的树木，还应给予经常性的地上喷雾，以补充土壤水分的不足。

（6）管理技术措施与需水

管理技术措施对园林树木的需水情况有较多影响。一般说来，经过了合理的深翻、中耕、客土，施用丰富有机肥料的土壤，其结构性能好，可以减少土壤水分的消耗，土壤水分的有效性高，能及时满足树木对水分的需求，因而灌水量较小。

任务三　自然灾害的防治及树体保护

学习情境：为防患于未然，小王组织人员编制了校园植物自然灾害的防治及树体保护手册，指导工人对园林植物的突发情况能有效应对。

一、任务内容和要求

首先了解园林植物会受到哪些自然灾害，之后针对各种灾害进行预防和管理，编制自然灾害的防治及树体保护手册。

二、任务实施

1. 冻害及其防治

冻害主要指树木因受低温的伤害而使细胞和组织受伤，甚至死亡的现象。受冻树木受树脂状物质的淤塞，因而使根的吸收、输导、叶的蒸腾，光合作用以及植株的生长等均遭到破坏。为此，在恢复受冻树木的生长时，应尽快地恢复输导系统，治愈伤口，缓和缺水现象，促进休眠芽萌发和叶片迅速增大。

受冻后恢复生长的树，一般均表现生长不良，因此，首先要加强管理，保证前期的水肥供应，亦可以早期追肥和根外追肥，补给养分。在树体管理上，对受冻害树体要晚剪和轻剪，给予枝条一定的恢复时期，对明显受冻枯死部分可及时剪除，以利伤口愈合。一时看不准受冻部位，不要急于修剪，待春天发芽后再做决定。对受冻造成的伤口要及时治疗，应喷白涂剂预防，并结合作好防治病虫害和保叶工作。对根茎受冻的树木要及时桥接或根寄接，树皮受冻后成块脱离木质部的，要用钉子钉住或进行桥接补救。

2. 树木霜冻及其防治

生长季里由于急剧降温，水气凝结成霜使幼嫩部分受冻称为霜害。由于冬春季寒潮的反复侵袭，我国除台湾与海南岛的部分地区外，均会出现零度以下的低温。预防霜冻的措施主要有：

1）推迟萌动期，避免霜害

利用药剂和激素或其他方法使树木萌动推迟（延长植株的休眠期）。因为萌动和开花较晚，可以躲避早春回寒的霜冻。用乙烯利、青鲜素、萘乙酸钾盐（250～500mg/kg 水）或顺丁烯二酰肼（0.1%～0.2%）溶液在萌芽前或秋末喷撒树上，可以抑制萌动，或在早春多次灌返浆水，以降低地温，即在萌芽后至开花前灌水两三次，一般可延迟开花两三天。

树干刷白，使早春树体减少对太阳热能的吸收，使温度升高较慢，这种方法可延迟发芽开花两三天，能防止树体遭受早春回寒的霜冻。

2）改变小气候条件

根据气象台的霜冻预报及时采取防霜措施，对保护树木具有重要作用，具体方法：

（1）喷水法。利用人工降雨和喷雾设备，在将发生霜冻的黎明，向树冠上喷水，因为水比树周围的气温高，水遇冷凝结时放出潜热，计一立方米的水降低1℃，就可使相应的3300倍体积的空气升温10℃。同时也能提高近地表层的空气湿度，减少地面辐射热的散失，因而起到了提高气温，防止霜冻的效果。此法的缺点主要是要求设备条件较高，但随着我国喷灌的发展，仍是可行的。

（2）熏烟法。我国早在1400年前所发明的熏烟防霜法，因简单易行而有效，至今仍在国内外各地广为应用。事先在园内每隔一定距离设置发烟堆（用稻秆、草类或锯末等），可根据当地气象预报，于凌晨及时点火发烟，形成烟幕。熏烟能减少土壤热量的辐射散发，同时烟粒吸收湿气，使水汽凝结液体放出热量，提高温度，保护树木。但在多风或降温到零下3℃以下时，则效果不好。

（3）吹风法。霜害是在空气静止情况下发生的，因此可以在霜冻前利用大型吹风机增强空气流通，将冷气吹散，可以起到防霜效果。

（4）加热法。加热防霜是现代防霜先进而有效的方法，美国等一些国家利用加热器提高果园温度。在果园内每隔一定距离放置加热器，在霜将来临时点火加温。下层空气变暖而上升，而上层原来温度较高的空气下降，在果园周围形成一个暖气层。果园中设置加热器；以数量多而每个加热器放热量小为原则，可以达到既保护果树，而不致浪费太大的效果。

（5）根外追肥。根外追肥能增加细胞浓度，效果更好。做好霜后的管理工作，霜冻过后往往忽视善后，放弃了霜冻后管理，这是错误的。特别是对花灌木和果树，为克服灾害造成的损失，取得较高的产量，应采取积极措施，如进行叶面喷肥以恢复树势等。

3. 树木风害发生及其防治

预防和减轻风害有以下几种措施：首先，在种植设计时要注意在风口、风道等易遭风害的地方选抗风树种和品种，适当密植，采用低干矮冠整形。其次，要根据当地特点，设置防风林和护园林，都可降低风速，免受损失。在管理措施上，应根据当地实际情况采取相应防风措施，如排除积水，改良栽植地点的土壤质地，培育壮根良苗，采取大穴换土，适当深植，合理修枝，控制树形，定植后及时立支柱。对结果多的树要及早吊枝或顶枝，减少落果，对幼树、名贵树种可设置风障等。

对于遭受大风危害，折枝、伤害树冠或被风刮倒的树木，要根据受害情况，及时维护。首先要对风倒树及时顺势扶正，培土为馒头形，修去部分和大部分枝条，并立支柱。对裂枝要顶起或吊枝，捆紧基部创面，或涂激素药膏促其愈合，并加强肥水管理，促进树势的恢复。对难以补救者应进行淘汰，秋后重新换植新株。

4. 树的保护和修补

对于树体的保护应贯彻"防重于治"的精神。对树体上已经造成的伤口，应该早治，防止扩大，应根据树干上伤口的部位、轻重和特点，采用不同的治疗和修补方法。树木的树干和骨干枝上，因病虫害、冻害、日灼及机械损伤等造成伤口，这些伤口如不及时保护、治疗、修补，经过长期雨水浸蚀和病菌寄生，易使内部腐烂形成树洞。另外，树木经常受到人为的有意无意的损坏，如树盘内的土壤被长期践踏变得很坚实，在树干上刻字留念或拉枝折枝等，做好各方面预防工作，同时还要做好宣传教育工作。

1）伤口治疗

对于枝干因病、虫、冻、日灼或修剪等造成的伤口，首先应当用锋利的刀刮净削平四周，使皮层边缘呈弧形，然后用药剂(2%～5%硫酸铜液，或0.1%的升汞溶液，或石硫合剂原液)消毒，也可以用成品保护剂进行涂抹。由于雷击使枝干受伤的树木，应将烧伤部位锯除并涂保护剂。

2）补树洞

因各种原因造成的伤口长期不愈合，长期外露的木质部受雨水浸渍，逐渐腐烂，形成树洞，严重时树干内部中空，树皮破裂，一般称谓"破肚子"。由于树干的木质部及髓部腐烂，输导组织遭到破坏，因而影响水分和养分的运输及贮存，严重削弱树势，降低了枝干的坚固性和负载能力，缩短了树体寿命。

（1）开放法（图5-7）：树洞不深或树洞过大都可以采用此法，如伤孔不深无填充的必要时可按前面介绍的伤口治疗方法处理。如果树洞很大，给人以奇特之感，欲留做观赏时可采用此法。

方法是将洞内腐烂木质部彻底清除，刮去洞口边缘的死组织，直至露出新的组织为止，用药剂消毒并涂防护剂。同时改变洞形，以利排水，也可以在树洞最下端插入排水管。以后需经常检查防水层和排水情况，防护剂每隔半年左右重涂一次。

（2）封闭法：树洞经处理消毒后，在洞口表面钉上板条，以油灰和麻刀灰封闭（油灰是用生石灰和熟桐油以1：0.35的比例调拌而成），也可以直接用安装玻璃用的油灰俗称腻子，再涂以白灰乳胶，颜料粉面，以增加美观，还可以在上面压树皮状纹或钉上一层真树皮。

（3）填充法（图5-8）：填充物最好是水泥和小石砾的混合物，如无水泥，也可就地取材。填充材料必须压实，为加强填料与木质部连接，洞内可钉若干电镀铁钉，并在洞口内两侧挖一道深约4cm凹槽，填充物从底部开始，每20～25cm为一层用油毡隔开，每层表面都向外略斜，以利排水，填充物边缘应不超过木质部，使形成层能在它上面形成愈伤组织。外层用石灰、乳胶、颜色粉涂抹，为了增加美观，富有真实感在最外面钉一层真的树皮。

5.吊枝和顶枝

吊枝，在果园中多采用，顶枝（图5-9），在园林中应用较多。大树或古老的树木如有树身倾斜不稳时，大枝下垂的需设支柱撑好，支柱可采用金属、木桩、钢筋混凝土材料。支柱应有坚固的基础，上端与树干连接处应有适当形状的托碗，并加软垫，以免损害树皮。设支柱时一定要考虑到美观，与周围环境协调。

北京故宫将支撑物油漆成绿色，并根据松枝下垂的姿态，将支撑物做成棚架形式，效果很好。也有将几个主枝用铁索连接起来，也是一种有效的加固方法。

图5-7 开方法补树洞（左）

图5-8 填充法补树洞并绘画（右）

图 5-9 顶枝（左）
图 5-10 树干涂白(右)

6.涂白（视频 5.3-1 树干涂白作用及方法）

树干涂白（图 5-10），目的是防治病虫害和延迟树木萌芽，避免日灼危害，据试验桃树涂白后较对照树花期推迟 5 天，因此，在日照强烈、温度变化剧烈的大陆性气候地区，利用涂白减弱树木地上部分吸收太阳辐射热原理，延迟芽的萌动期。由于涂白可以反射阳光，减少枝干温度局部增高，可预防日灼危害。因此目前仍采用涂白作为树体保护的措施之一。杨柳树栽完后马上涂白，可防蛀干害虫。

视频 5.3-1　树干涂白
作用及方法

三、任务评价

具体任务评价见表 5-6。

任务评价表　　　　　　　　　　　　　　表5-6

评价等级	评价内容及标准
优秀　（90~100分）	不需要他人指导，能正确分析校园植物可能受害原因、能提出预防措施、正确的处理措施
良好（80~89分）	不需要他人指导，能正确分析校园植物可能受害原因、能提出预防措施
中等（70~79分）	在他人指导下，能正确分析校园植物可能受害原因、能提出预防措施、正确的处理措施
及格（60~69分）	在他人指导下，能正确分析校园植物可能受害原因、能提出预防措施

四、课后思考与练习

（1）植物受冻害后应如何进行养护管理？

（2）根茎容易引起的冻害的原因是什么？

（3）影响风害的因素及措施？

（4）简述低温来临的状况与冻害的发生关系。

五、知识与技能链接

1.冻害及其发生

冻害主要指树木因受低温的伤害而使细胞和组织受伤，甚至死亡的现象。

影响树木冻害发生的因素很复杂，从内因来说，与树种、品种、树龄、生长势及当年枝条的成熟及休眠与否均有密切关系。从外因来说，与气象、地势、坡向、水体、土壤、栽培管理等因素分不开。因此，当发生冻害时，应多方面分析，找出主要矛盾，提出解决办法。

1）造成冻害的有关因素：抗冻性与树种、品种的关系；与枝条内糖类变化动态的关系；与枝条休眠的关系；与低温来临的关系；与地势、坡向不同，小气候差异大等的关系。

2）怎样防止冻害的发生

（1）实施适地适树的原则

因地制宜的种植抗寒力强的树种、品种和砧木，在小气候条件比较好的地方种植边缘树种，这样可以大大减少越冬防寒的工作量，同时注意栽植防护林和设置风障，改善小气候条件，预防和减轻冻害。

（2）加强栽培管理，提高抗寒性

加强栽培管理（尤其重视后期管理）有助于树体内营养物质的贮备。经验证明，春季加强肥水供应，合理运用排灌和施肥技术，可以促进新梢生长和叶片增大，提高光合效能，增加营养物质的积累，保证树体健壮。

后期控制灌水，及时排涝，适量施用磷钾肥，勤锄深耕，可促使枝条及早结束生长，有利于组织充实，延长营养物质的积累时间，从而能更好地进行抗寒锻炼。

此外，夏季适期摘心，促进枝条成熟，冬季修剪减少冬季蒸腾面积，人工落叶等均对预防冻害有良好的效果。在整个生长期必须加强对病虫害的防治。

（3）加强树体保护，减少冻害

对树体保护方法很多，一般的树木采用浇"冻水"和灌"春水"防寒。为了保护容易受冻的种类，采用全株培土，如月季、葡萄等，箍树，根茎培土（高30cm），涂白，主干包草，搭风障，北面培月牙形土埂等。

2. 霜冻产生的原因

在早秋及晚春寒潮入侵时，常使气温骤然下降，形成霜害。一般说来，纬度越高，无霜期越短。在同一纬度上，我国西部大陆性气候明显，无霜期较东部短。小地形与无霜期有密切关系，一般坡地较洼地，南坡较北坡，近大水面的较无大水面的地区无霜期长，受霜冻威胁较轻。霜冻严重地影响观赏效果和果品产量，如1955年1月，由于强大的寒流侵袭，广东、福建南部，平均气温比正常年份低3～4℃，绝对低温达零下0.3～4℃，连续几天重霜，使香蕉、龙眼、荔枝等多种树木均遭到严重损失，重者全株死亡，轻者则树势减弱，数年后才逐步恢复。

在北方，晚霜较早霜具有更大的危害性。例如，从萌芽至开花期，抗寒力越来越弱，甚至极短暂的零度以下温度也会给幼嫩组织带来致命的伤害。在此期，霜冻来临越晚，则受害越重，春季萌芽越早，霜冻威胁也越大，北方的杏开花早，最易遭受霜害。早春萌芽时受霜冻后，嫩芽和嫩枝变褐色，鳞片松散而枯在枝上。花期受冻，由于雌蕊最不耐寒，轻者将雌蕊和花托冻死，但花朵可照常开放，稍重的霜害可将雄蕊冻死，严重霜冻时，花瓣受冻变枯，脱落。幼果受冻轻时幼胚变褐，果实仍保持绿色，以后逐渐脱落;受冻重时，则全果变褐色很快脱落。

3．风害发生的原因

1）树种的生物学特性与风害的关系

（1）树种特性。浅根、高干、冠大、叶密的树种，如刺槐、加杨等抗风力弱，相反根深、矮干、枝叶稀疏坚韧的树种，如垂柳、乌桕等则抗风性较强。

（2）树枝结构。一般髓心大，机械组织不发达，生长又很迅速而枝叶茂密的树种，风害较重。一些易受虫害的树种主干最易风折，健康的树木一般是不易遭受风折的。

2）环境条件与风害的关系

（1）行道树。如果风向与街道平行，风力汇集成为风口，风压增加，风害会随之加大。

（2）局部绿地。因地势低凹,排水不畅,雨后绿地积水,造成雨后土壤松软,风害会显著增加。

（3）风害也受绿地土壤质地的影响。如绿地偏沙或为煤渣土、石砾土等,因结构差、土层薄抗风性差,如为壤土或偏黏土等则抗风性强。

3）人为经营措施与风害的关系

（1）苗木质量。苗木移栽时，特别是移栽大树，如果根盘起的小，则因树身大，易遭风害。所以大树移栽时一定要立支柱，在风大地区，栽大苗也应立支柱,以免树身被吹歪。移栽时一定要按规定起苗,起的根盘不可小于规定尺寸。

（2）栽植方式。凡是栽植株行距适度，根系能自由扩展的抗风强。如树木株行距过密，根系发育不好，再加上护理跟不上，则风害显著增加。

（3）栽植技术。在多风地区栽植坑应适当加大，如果小坑栽植，树会因根系不舒展，发育不好，重心不稳，易受风害。

任务四　古树名木的保护与管理

学习情境：校园内有一棵古银杏，现在长势不好，学校领导要求养护单位想办法让它恢复原有的生机。

一、任务内容和要求

分析古树生长势衰弱的原因，对症下药，采取各种措施恢复其生机。

二、任务实施

1．古树名木衰老的原因和表现

任何树木都要经过生长、发育、衰老、死亡等过程，也就是说树木的衰老、死亡是客观规律。但是在树木生长过程中采取一些人为措施能减缓古树衰老进程，甚至做到枯木逢春的效果。研究、探讨造成古树衰老的原因十分必要，这有助于开展针对性强的养护措施。根据目前调查认为，造成古树名木衰老的原因有以下 8 个方面：

(1) 土壤密实度过高。城市公园里游人密集，地面受到大量践踏，尤其是园路附近的绿地经常遭到践踏，使得土壤板结、密实度高，在古树名木生长的地方也由于观赏、拍照等需要，在树木附近对土壤造成影响。随着人口增长，游人增多和土地开发，特别是新农村建设的规划等情况的出现，古树的保护难度也逐步增大，环境变化使古树生长条件变劣。据测定，北京中山公园在人流密集的古柏林中土壤容重达到 1.7g/cm³，非毛管孔隙度为 2.2%；天坛"巨龙柏"周围土壤容重为 1.5g/cm³，非毛管孔隙度为 2%。在这样的土壤中，根系生长受到抑制。

(2) 古树树干周围铺装面过大，造成透气性不好。有些地方在古树周围用水泥砖或者其他材料铺装，仅仅留出很小的树池，影响了地下与地上部分的气体交换，使得古树根系处于透气性极差的环境中，根系呼吸造成不良影响。

(3) 土壤肥力下降，理化性质劣化。在古树周围搭设帐篷、展销会产品摆设、演出会、学习会、体育健身等群众性活动，这不仅使该地土壤密度增高，还会造成土壤污染，有些地方还因为增设临时厕所而造成土壤含盐量增加，对古树生长造成不良影响。

(4) 根部的营养不足。有些古树生长在殿基土上或是板结土壤层，植树时只是在树坑中换了好土，树木长大后，根系很难向竖向土壤伸展，营养缺乏，致使树木衰老。

(5) 对古树修枝取材。有些古树生长量大，树干粗壮。例如香樟，为了利用其木材，甚至强度疏枝，目的是通过整枝取材，造成树木生长势下降。

(6) 人为活动造成损害。在树下乱堆杂物，如建筑材料、水泥、石灰、沙子等，特别是石灰，堆放不久树木就会受害死亡。有的还在树上乱画、乱刻、乱钉钉子、乱绑绳等使树干受到严重的破坏。此外，人流量增加及进出口的增加，使病虫害的传播也随之增加，如有些地方由于毁灭性病虫害的传播使古树生长受到严重影响，松干蚧使黑松古树生长受到严重影响，烟草病毒可以随卷烟传播。

(7) 遭受病虫危害。古树高大，对发生的病虫害，有时很难防治。如苏州洞庭西山一株古罗汉松，因为白蚁危害而施用高浓度的农药，致使古树遭受药害而死亡。所以，要慎用农药，尤其是农药种类选择、浓度配制、用药时间等都十分讲究。应该加强综合防治以增强树势。另外，一些新的病虫害，如银杏超小卷叶蛾、黄化病等应及早防治。

(8) 自然灾害。冰雹袭击、雷电、大雨涝灾、高温干旱，都会大大削弱树势。如苏州文庙的一株明代银杏便因雷击而烧伤半株。台风伴随大雨的危害更为严重，承德须弥福寿之庙的妙高庄严殿前的 3 棵百年油松，于 1991 年夏季被大风吹倒。因此，自然生态环境条件，人为措施、干扰等都会使古树生长势下降，需要采取措施维护其生长基本条件。

2．古树复壮相关技术

（1）支撑、加固

古树由于年代久远，主干或有中空，主枝常有死亡，造成树冠失去均衡，树体容易倾斜；又因树体衰老，枝条容易下垂，因而需用它物支撑（图5-11）。如北京故宫御花园的龙爪槐，皇极门内的古松均用钢管呈棚架式支撑，钢管下端用混凝土基加固，干裂的树干用扁钢箍起，收效良好。

（2）树干伤口的治疗

由于古树已到生长衰退年龄，对发生的各种伤害恢复能力减弱，更应注意及时处理。对于枝干上因病、虫、冻、日灼或修剪等造成的伤口，首先应当用锋利的刀刮净削平四周，使皮层边缘呈弧形，然后用药剂（2%～5%硫酸铜溶液，0.1%的升汞溶液，石硫合剂原液等）消毒。修剪造成的伤口，应将伤口削平然后涂以保护剂（图5-12），选用的保护剂要求容易涂抹，黏着性好，受热不融化，不透雨水，不腐蚀树体组织，同时又有防腐消毒的作用，如铅油、接蜡等均可。

（3）修补树洞

大树，尤其是古树名木，因各种原因造成的伤口长久不愈合，长期外露的木质部受雨水浸渍，逐渐腐烂，形成树洞，严重时树干内部中空，树皮破裂，一般称为"破肚子"，一般树木的树洞处理（图5-13）在前文已作介绍。

（4）设避雷针

据调查，千年古银杏大部分曾遭过雷击，严重影响树势，有的在雷击后因未采取补救措施导致很快死亡。所以，高大的古树应加避雷针。如果遭受雷击，应立即将伤口刮平，涂上保护剂，并堵好树洞。

（5）埋条法改善通气和肥力条件

分放射沟埋条和长沟埋条。该方法主要是在古树根系范围，填埋适量的树枝、熟土等有机材料来改善土壤的通气性以及肥力条件，具体做法是：在树冠投影外侧挖放射状沟4～12条，每条沟长120cm左右，宽为40～70cm，深80cm。沟内先垫放10cm厚的松土，再把剪好的苹果、海棠、紫穗槐等树枝缚成捆，平铺一层，每捆直径20cm左右，上撒少量松土，同时施入粉碎的麻酱渣和尿素，每沟施麻酱渣1kg，尿素50g，为了补充磷肥可放少量动物骨头和贝壳等物，覆土10cm后放第二层树枝捆，最后覆土踏平。如果株行距大，也可以采用长沟埋条。沟宽70～80cm，深80cm，长200cm左右，然后分层埋树条施肥、覆盖踏平。

图5-11 树干支撑（左）

图5-12 树干伤口涂愈合剂（中）

图5-13 专业人员给树修补树洞（右）

（6）挖复壮沟

该法的作用与埋条法基本相同，复壮沟深 80 ~ 100cm，宽 80 ~ 100cm，长度和形状应随地形而定，采用直沟，半圆形或"U"字形均可。沟内可填充含各种营养元素复壮基质、复壮沟施工位置在古树树冠投影外侧，从地表往下纵向分层。表层为 10cm 素土；第二层为 20cm 的复壮基质；第三层为树木枝条 10cm；第四层又是 20cm 的复壮基质；第五层是 10cm 树条；第六层为粗砂和陶粒厚 20cm。

复壮基质采用松、栎的自然落叶，取 60% 腐熟加 40% 半腐熟的落叶混合，再加少量氮、磷、铁、锰等元素配制成。这种基质含有丰富的矿质元素，pH值在 7.1 ~ 7.8 以下，富含胡敏素、胡敏酸和黄腐酸，可以促进古树根系生长。同时有机物逐年分解与土粒胶合成团粒结构，从而改善了土壤的物理性状，促进微生物活动，将土壤中固定的多种元素逐年释放出来。施后 3 ~ 5 年内土壤有效孔隙度可保持在 12% ~ 15% 以上。

埋入各种树木枝条。采用紫穗槐、苹果、杨树等枝条，截成长 40cm 的枝段。埋入沟内，树条与土壤形成大空隙。从 1982 年起，经多年实验证明，古树的根可在枝条内穿伸生长，复壮沟内也可铺设二层树枝，每层 10cm。

增施肥料、改善营养。以铁元素为主，施入少量氮、磷元素。硫酸亚铁使用剂量按长 1m、宽 0.8m 复壮沟，施入 0.1 ~ 0.2kg 为宜。为了提高肥效一般掺施少量的麻酱渣或马掌而形成全肥，以更好地满足古树的需要。

（7）换土

古树几百年甚至上千年生长在一个地方，土壤肥分有限，常呈现缺肥症状，如果采用上述办法仍无法满足，或者由于生长位置受到地形、生长空间等立地条件的限制，而无法实施上述的复壮措施，可考虑更新土壤的办法。

（8）地面铺梯形砖或带孔的石板、地被植物

该方法的目的是改变土壤表面受人为践踏的情况，使土壤保持与外界进行正常的水气交换。在铺梯形砖和地被植物之前对其下层土壤作与上述埋条法相同的处理，随后在表面上铺置上大下小的特制梯形砖，砖与砖之间不勾缝，留有通气，下面用砂衬垫，同时还可以在埋树条的上面铺设草坪或地被植物（如白三叶），并围栏杆禁止游人践踏。许多风景区采用带孔的或有空花条纹的水泥砖或铺铁筛盖，如黄山玉屏楼景点，用此法处理"陪客松"的土壤表面效果很好。

（9）整形修剪

以少整枝、少短截，轻剪、疏剪为主，基本保持原有树形为原则。必要时也要适当整剪，以利通风透光，减少病虫害，促进更新、复壮。

（10）防治病虫害

古树衰老，容易招虫致病，加速死亡。北京天坛公园因抓紧防治天牛，保护了古柏。他们的经验是：掌握天牛每年 3 月中旬左右要从树内到树皮上产卵的时机，往古柏上打 223 乳剂，工人称之"封树"。5 月份易发生蚜虫、红蜘蛛，需喷一次药加以控制。7 月份注意树干害虫危害。

（11）设围栏、堆土、筑台

对于处于广场、铺装、游人容易接近地方的古树，要设围栏对古树进行保护。围栏一般要距树干 3～4m，或在树冠的投影范围之外，在人流密度大，树木根系延伸较长者，围栏外的地面要作透气铺装处理；在古树干基堆土或筑台可起保护作用，也有防涝效果，砌台比堆土收效尤佳，应在台边留孔排水，切忌围栏造成根部积水。

（12）立标志、设宣传栏

安装标志，标明树种、树龄、等级、编号，明确养护管理负责单位。设立宣传栏，既需就地介绍古树名木的重大意义与现况，又需集中宣传教育，发动群众保护古树名木。

三、任务评价

具体任务评价见表 5-7。

任务评价表　　　　　　　　　　表5-7

评价等级	评价内容及标准
优秀（90～100分）	不需要他人指导，能正确分析古树生长势衰弱的原因，提出具体的改善方案，并进行治疗，操作规范
良好（80～89分）	不需要他人指导，能正确分析古树生长势衰弱的原因，提出具体的改善方案，并进行治疗
中等（70～79分）	在他人指导下，能正确分析古树生长势衰弱的原因，提出具体的改善方案，并进行治疗
及格（60～69分）	在他人指导下，能正确分析古树生长势衰弱的原因，提出具体的改善方案

四、课后思考与练习

（1）试分析古树长势衰弱的原因？

（2）常见古树复壮措施有哪些？

五、知识与技能链接

2000 年 9 月国家建设部重新颁布了《城市古树名木保护管理办法》，将古树定义为树龄在一百年以上的树木；把名木定义为国内外稀有的、具有历史价值和纪念意义以及重要科研价值的树木。凡树龄在 300 年以上，或者特别珍贵稀有，具有重要历史价值和纪念意义、重要科研价值的古树名木，为一级古树名木；其余为二级古树名木。该办法适用于城市规划区内和风景名胜区的古树名木保护管理。

古树名木由于种种原因如树老势衰，土壤密实，所留树穴过小而周围铺装面过大，土壤理化性恶化，以及人为损伤与自然灾害等，易致衰老，甚至死亡。一旦死去，损失无法弥补。古树复壮是运用科学合理的养护管理技术，使原本衰弱的古树重新恢复正常生长、延续其生命的措施，当然必须指出的是，古树复壮技术的运用是有前提的，它只对那些虽说老龄、生长衰弱，但仍在其生物寿命极限之内的树木个体有效。

参考文献

[1] 高志勤. 园林工程种植施工与绿地养护 [M]. 北京：机械工业出版社，2015.

[2] 佘远国. 园林植物栽培与养护管理 [M]. 北京：机械工业出版社，2007.

[3] 祝遵凌，王瑞辉. 园林植物栽培养护 [M]. 北京：中国林业出版社，2005.

[4] 何芬，傅新生. 园林绿化施工与养护手册 [M]. 北京：中国建筑工业出版社，2011.

[5] 唐蓉，李瑞昌. 园林植物栽培与养护 [M]. 北京：科学出版社，2014.

[6] 马凯，陈素梅，周武忠. 城市树木栽培与养护 [M]. 南京：东南大学出版社，2003.

[7] 中国城市建设研究院. 风景园林绿化标准手册 [M]. 北京：中国标准出版社，2004.

[8] 胡中华，刘师汉. 草坪与地被植物 [M]. 北京：中国林业出版社，1995.

[9] 刘金海，王秀娟. 观赏植物栽培 [M]. 北京：高等教育出版社，1995.

[10] 陈佐忠，刘金. 城市绿化植物手册 [M]. 北京：化学工业出版社，2006.

[11] 张东林，牛力文. 园林绿化种植与养护工程问答实录 [M]. 北京：机械工业出版社，2008.

[12] 中华人民共和国住房和城乡建设部. 城市道路工程设计规范：GJJ 37—2012[S]. 北京：中国建筑工业出版社，2012.

[13] 中华人民共和国住房和城乡建设部. 园林绿化工程施工及验收规范：CJJ 82—2012[S]. 北京：中国建筑工业出版社，2013.

[14] 柏玉平. 花卉栽培技术 [M]. 北京：化学工业出版社，2009.

[15] 郝培尧，李冠衡，戈晓宇. 屋顶绿化施工设计与实例解析 [M]. 武汉：华中科技大学出版社，2013.